Un Universo Dialéctico

Un universo Vibrante para Físicos y no Físicos

Gabrino Fernández Gardea

Publicado por Ibukku
www.ibukku.com
Diseño y maquetación: Índigo Estudio Gráfico

Edición: Evan Chávez
ISBN Paperback: 978-1-64086-790-1
ISBN eBook: 978-1-64086-791-8

Índice

Introducción

En el siglo XIX Hegel, Marx y Engels cambiaron la forma de entender la naturaleza y los fenómenos que en ella ocurren. Estos filósofos llevaron los conceptos de causa y efecto de tal modo que no puede existir uno separado del otro. Del pensamiento de estos hombres nace el materialismo dialéctico que se fundamenta en las tres leyes de la dialéctica:

1. La unidad y lucha de contrarios.

2. La transición de la cantidad a la cualidad.

3. La negación de la negación.

Estas tres leyes nos hacen comprender, entender y reflexionar sobre los fenómenos que se dan en el universo, como cuando un cuerpo está en movimiento, se puede decir que está y no está en determinado momento, así como también la cantidad de temperatura en un proceso nos da una cualidad de la materia (plasma, sólida, líquida o gaseosa) y hasta entender que la vida lleva intrínsicamente la muerte, negándose ella a sí misma. Este proceso lo vemos en nuestras galaxias en el universo actual, porque encontramos galaxias viejas y otras muy jóvenes y quizás algunas ya hayan muerto; y no se diga entre las estrellas de las galaxias porque sucede lo mismo, ya han muerto tantas, que para que haya vida humana, tuvieron que morir al menos tres generaciones de estrellas. Es común denominador que todo en nuestro universo nace, llega a su pleno desarrollo y muere. Veremos cómo nuestro universo nació, también cómo debe morir e incluso cómo debe renacer. Esto último lo analizaremos después. Por lo pronto, veremos cómo la humanidad ha tratado de explicar su entorno con lo que tiene a la mano, es necesario decir que en el sinfín del tiempo los hombres se han dedicado a la observación de la naturaleza, a la construcción de las herramientas para satisfacer sus necesidades y en sus ratos libres a experimentar y comprobar lo que dicen sus padres o los viejos de la tribu, para aumentar el conocimiento de su realidad y transmitírsela a sus futuros hijos. Con estas tres leyes vamos a figurar un universo diferente, un universo dialéctico. Para ello, vamos a caminar el sendero del conocimiento humano a través del tiempo y sus perspectivas del universo.

El universo idealista

El ser humano siempre se ha preguntado de dónde, cuándo, cómo y por qué estamos aquí en la Tierra y, según las diferentes culturas de los pueblos que han existido, le han dado una explicación al origen de su existencia y al entorno en que viven de acuerdo con su entender de las cosas. Para las primeras civilizaciones sólo seres divinos y todos poderosos serían capaces de crear la Tierra, la Luna, los planetas, las estrellas y todas las creaturas vivientes existentes en la naturaleza. Para estas civilizaciones primero fue el ser y después la materia. Esta idea de que una divinidad toda poderosa fuera la causa del origen del universo perpetuo por miles de años, ha dado pie a las diferentes religiones que han existido y las que existen en la actualidad. Cada religión explica, a su modo, el origen del universo y, por supuesto, el origen del hombre. Fueron muchos los que trataron de explicar el origen del ser humano y del medio ambiente donde vivía, pero nos vamos a enfocar en uno que predominó sobre los otros, vamos a hablar de Aristóteles, que, junto con sus discípulos, fueron quienes sentaron las bases para explicar el universo que se observaba en esos tiempos de una manera más ajustada a su realidad, sin la intervención de los seres divinos, aunque al final termina aceptando lo divino en el movimiento de su universo.

Aristóteles afirmaba que el universo no fue creado, que el universo siempre ha existido, que era eterno y finito. Para Aristóteles los astros no se movían ni giraban, sino que una esfera homocéntrica, en la cual estaba incrustado el astro, era la que se movía y le daba ese aparente movimiento de traslado. Aristóteles llamaba a los planetas astros errantes y según la distancia que tenían respecto a la Tierra, era su posición que le correspondía en la esfera. Para Aristóteles la Tierra era el centro del universo, la cual no tenía esfera, luego le seguía la Luna, el Sol, Mercurio, Venus, Marte, Júpiter y Saturno, todos con su esfera homocéntrica. Aristóteles consideraba a la esfera exterior el lugar para las estrellas, a las cuales consideraba fijas, embutidas en la esfera. La esfera externa era el motor primordial para hacer rotar a las demás esferas, porque entre las esferas había fricción y agarre suficiente para moverse y hacer mover a todas las esferas del universo. Para Aristóteles el universo era racional, bueno y necesario, porque para la naturaleza, su único fin era hacer propósitos a favor de su bienestar y no con un sentido destructivo. Ese universo concebido por Aristóteles estaba compuesto sólo por cinco elementos. Consideraba el agua, aire, fuego y tierra como los elementos esenciales y únicos para la formación de todo lo existente en el universo, los cuales, combinados entre sí, eran capaces de crear una diversidad de sustancias. Consideraba el éter como un quinto elemento, pero nada más para su universo de esferas. Además, decía que todos los objetos tenían una finalidad en el universo, una razón de ser para cada uno de ellos, que mientras para algunos objetos su posición natural era estar en la Tierra, para otros les correspondía elevarse al cielo. Quizás esa fue la razón de que Aristóteles dividiera a sus esféricas homocéntricas en dos esferas principales, una esfera sublunar donde incluía a la Luna y la Tierra y que, por tener movimiento y cambio, significaba que estaban corrompidas. Me imagino que para Aristóteles la corrupción la encontraba en el movimiento de la Luna y los cambios de fase que sufre en su mes lunar y el cambio de estaciones en la Tierra que originan la primavera, verano, otoño e invierno. La otra esfera era la supra lunar donde estaban las estrellas fijas, incorruptibles, donde el único movimiento y cambio que existe es el movimiento circular. El movimiento circular lo consideraba como el primer motor, como la primera causa responsable de mover a las esferas supra lunares. Aristóteles describe al primer motor, a la primera causa, como eterna e inmóvil, porque debía moverse sin estar en movimiento, era la razón por la cual las estrellas fijas, sin moverse, movían a las demás esferas donde estaban incrustados los astros. Esta idea de Aristóteles de la primera causa o primer motor para mover el universo, concuerda con la idea de dios que tenían las religiones en esos tiempos y propició el establecimiento de civilizaciones esclavistas y después feudales bajo el cobijo del poder de las religiones para someter a los pueblos y desaparecer o asesinar a cualquier ser que estuviera en contra de las doctrinas religiosas imperantes en esos tiempos. No se aceptaba diferir de las ideas de Aristóteles y tener una concepción diferente del universo y de la naturaleza. Esta forma de entender el universo predominó por casi dos milenios, hasta que los experimentos de Galileo Galilei echaron por tierra los fundamentos de Aristóteles. Ya el mundo estaba más desarrollado en aceptar ideas diferentes en el tiempo de Galileo, ya se conocían los trabajos de Kepler sobre el movimiento de los planetas, pero aun así casi le cuesta la vida al convalidar la teoría de Copérnico, la cual afirmaba que el centro del sistema planetario era el Sol y nuestra Tierra pasó del primer lugar a ocupar el tercero en la posición de los planetas.

Cuando Galileo vio mediante su telescopio los satélites de Júpiter girando alrededor de él, se dio cuenta que Copérnico tenía razón al afirmar que el Sol era el centro de nuestro sistema solar y no la Tierra, que la Luna giraba alrededor de nuestro planeta y no junto a los otros planetas y que las estrellas no estaban en el firmamento aristotélico, sino que se desplazaban en una forma diferente a nuestro sistema solar. Galileo fue un hombre excepcional que se ocupó de diferentes temas. Estudió los efectos de la gravedad sobre los cuerpos y su caída libre. Pero lo principal de Galileo fue que sepultó para siempre los conceptos aristotélicos, idealistas y elitistas e inició el método científico como forma para escrudiñar a la naturaleza. Que sólo el experimento reafirmaba la teoría o la desechaba, que el experimento permitía avanzar en el conocimiento de los fenómenos que ocurrían en la naturaleza, abriendo una infinidad de senderos para el conocimiento universal que necesitamos para saber de dónde venimos, a dónde vamos y cuál es el futuro que nos depara. Galileo dio las primeras paladas para enterrar la idea de que el ser fue primero que la materia y cambiar ese sentido de la oración a que primero fue la materia y después el ser, de que primero existo y luego pienso. Lo anterior nos lo demuestra Darwin con su teoría de la evolución de las especies, la cual nos lleva desde los seres microscópicos hasta el ser humano como producto de cambios cuantitativos a cambios cualitativos. Las leyes de la dialéctica avalan y demuestran la verdad de la teoría de la evolución.

El universo newtoniano

Isaac Newton fue un hombre prodigio que cambió la forma de ver el movimiento de los cuerpos, las propiedades de la luz, la caída libre de los cuerpos y cómo es nuestro espacio y tiempo en su mecánica newtoniana. Desde que enunció que todo cuerpo tiende a estar en reposo o en movimiento rectilíneo uniforme, surge la idea de inercia y es precisamente la propiedad que tiene la materia de estar en ese estado de reposo o de movimiento. Pero en el universo no hay nada en reposo, todo está en movimiento, así que cuando decimos que un cuerpo está en reposo tenemos que decir con respecto a qué punto de referencia. Para sacar a un cuerpo de su reposo, aumentar, disminuir o cambiar de dirección su movimiento, se tiene que aplicar una fuerza para alterar esos estados de la materia. La segunda ley de Newton dice que la fuerza aplicada a un cuerpo con cierta cantidad de masa le produce una aceleración, le produce un cambio en su movimiento, un cambio en su velocidad. Newton se dio cuenta que los cuerpos que caían se aceleraban, que también cambiaban de velocidad con el tiempo y esta fuerza provenía de la Tierra. La gravedad es la fuerza que ejerce la Tierra sobre todos los cuerpos al jalarlos hacia su centro. Newton extrapoló esta idea a la Luna y llegó a la conclusión de que la Luna también caía, que era la razón por la cual la Luna giraba alrededor de la Tierra y que tenía que existir una fuerza entre la Luna y la Tierra que evitaba que la Luna saliera disparada al espacio sideral y que esta fuerza permitía que siempre cayera. Esta hipótesis permitió a Newton descubrir la ley de la gravitación universal. Todos los cuerpos que tienen masa se atraen, no importa su tamaño ni su movimiento. Ocurre entre cuerpos pequeños, como entre estrellas o galaxias. Newton consideraba que esta fuerza de la gravedad se transmitía instantáneamente entre los cuerpos. Newton afirmaba que el Sol instantáneamente estaba atrayendo a los planetas. Con la ley de la gravitación universal se intuía un universo mecánico que funcionaba como un reloj, porque si conocías las masas y distancias entre los cuerpos, podías figurar todo el comportamiento del universo. Pronto esta ley de la gravitación universal empezó a mostrar anomalías porque no podía explicar ciertos fenómenos que se daban entre los planetas, principalmente en la órbita del planeta Mercurio y en la órbita de Urano. La ley de la gravitación universal de Newton predice una órbita elíptica cerrada para cada planeta con el Sol en uno de sus focos, pero con las interacciones de los planetas y astros la posición del perihelio para cada planeta no es fijo, sino que cambia con el tiempo para todos los planetas, pero se encontró para Mercurio y Urano una desviación de la órbita muy pronunciada. Para Urano se resolvió el problema cuando en 1846 se encontró al nuevo planeta Neptuno como el responsable de esa anomalía. Pero para Mercurio no había motivo para esa desviación, no había un planeta entre el Sol y Mercurio que produjera ese fenómeno. Fue Einstein quien resolvió el problema de la precesión del perihelio de Mercurio usando la relatividad general. Un universo newtoniano significa un universo con espacio y tiempo absolutos, un universo invariante, un universo que nos muestra todos sus procesos al instante sin importar a qué distancias ocurran, un universo en que si conocemos sus masas, distancias y tiempos sabremos cómo fue ayer y cómo será mañana. Así como Galileo dio las primeras paladas para enterrar el universo idealista de Aristóteles, así Albert Einstein dio las primeras paladas para enterrar el universo newtoniano al dar a conocer su teoría de la relatividad y afirmar que el espacio y el tiempo son relativos, que la gravedad y la aceleración son equivalentes, que todo dependía del punto de referencia de donde se observaba el evento.

El Universo Big Bang

En la actualidad, la mayoría de los físicos acepta la teoría del Big Bang como el proceso más viable de cómo se formó el universo. La teoría del Big Bang habla de una serie de procesos que empiezan con el nacimiento del universo a partir de una singularidad espacio-tiempo o de una fluctuación cuántica de la gravedad donde las leyes físicas no aplican, porque empieza con una gran explosión que incrementa la temperatura a millones y millones y millones y millones y millones de grados Kelvin. Un universo así no puede ser homogéneo e isótropo, por lo que es necesario darle una estructura de homogeneidad y eso sólo se logra si pasa el universo por una etapa de inflación cósmica, así que tras el nacimiento estrepitoso del universo se da una expansión de éste de una forma exponencial, de forma acelerada, conocida como la inflación cósmica. Al final del proceso de la inflación cósmica se crean las partículas elementales tales como los quarks y los muones, formándose toda la materia del universo. Al siguiente proceso se le conoce como las teorías de la gran unificación, en las cuales las interacciones débiles y electromagnéticas se unifican y por un tiempo infinitesimal, se unen también la interacción fuerte con la débil, pero al final de este proceso se separan. Hay que aclarar que, en la teoría del modelo estándar de la física de partículas, que llamaremos solamente Modelo Estándar, de todas las interacciones existentes en la naturaleza, como interacciones de choques, de fricción, de pegamento, etcétera, sólo cuatro interacciones son básicas: las interacciones gravitacionales, las electromagnéticas, la fuerte y la débil. Para cada interacción existe una partícula mensajera que interviene en el proceso de interacción, así que, para las interacciones gravitacionales debe existir la partícula llamada gravitón, que, por cierto, no se ha encontrado aún en el universo. Se presume que como la gravedad es una fuerza muy débil, pues aún no somos capaces de medirla y, por lo tanto, de encontrarla. En las interacciones electromagnéticas las partículas mensajeras son los fotones y para las interacciones fuertes son los gluones. Estas tres partículas mensajeras no tienen masa, así que se mueven a la velocidad de la luz. En la interacción débil las partículas que participan en los procesos son los bosones W y Z. Estos sí tienen masa, una masa del tamaño de decenas de masas del protón. Estas interacciones son independientes unas de otras, pero en el proceso de la gran unificación estuvieron por un momento unidas. Después vamos a dar una explicación más profunda sobre esto. Dijimos que al final de la inflación cósmica se produjo toda la materia del universo y por lo tanto debe de incluirse también la producción de la antimateria; pero en el universo no hay signos de ninguna cantidad de antimateria existente, por lo que debió existir una asimetría entre bariones y anti bariones que llevó al universo a que predominara la materia sobre la antimateria. A esta etapa de la evolución del universo se le conoce como bariogénises; a la siguiente etapa en la formación del universo del Big Bang se le denomina ruptura electrodébil, la cual se da cuando la temperatura del universo decae por debajo de los 10^{15} grados Kelvin, donde ya no pueden existir unidas las interacciones electromagnéticas y débil, por lo tanto, se separan. Según la teoría del modelo estándar de la física de las partículas, los protones están constituidos por tres quarks de la siguiente manera: dos quarks arriba (up) y un quark abajo (down) y los neutrones con dos quarks abajo (down) y un quark arriba (up). Según el Modelo Estándar, los quarks arriba (up) tienen dos tercios de carga eléctrica positiva y los quarks abajo (down) tienen un tercio de carga eléctrica negativa, así que, un protón que tiene dos quarks arriba (up) y un quark abajo (down) (figura 1) al sumar sus cargas, nos da un total de la unidad, en cambio, para el neutrón que está compuesto por dos quarks abajo (down) y un quark arriba (up) (figura 2), la suma de sus cargas nos da como resultado cero carga. Como el universo se sigue enfriando, los quarks no pueden existir libres y se agrupan y es cuando se forman los primeros protones y neutrones del universo. Con el universo lleno de protones y neutrones se da el proceso de la nucleosíntesis, que consiste en la formación de los primeros núcleos ligeros. En este proceso de la nucleosíntesis los electrones chocan con los protones y se producen fotones.

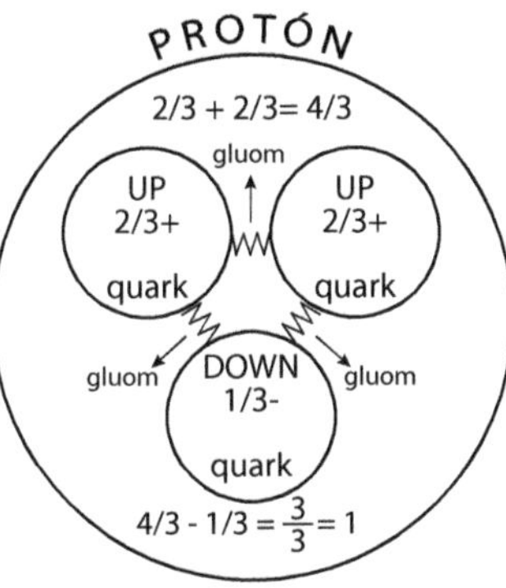

Figura 1

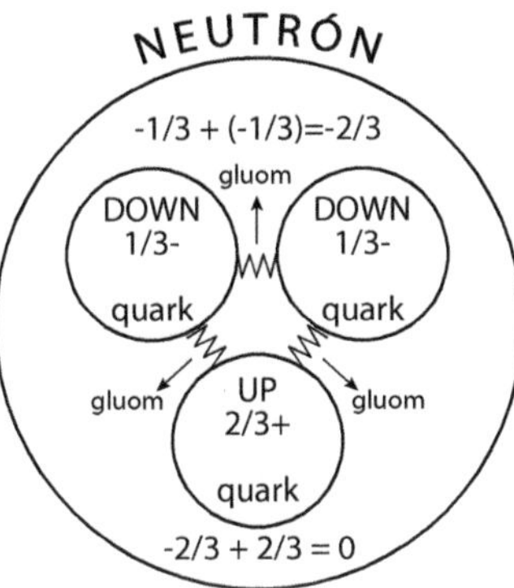

Figura 2

El universo sigue su rumbo, ya han pasado 500 000 años y la temperatura es de cerca de 100 000 grados Kelvin, condiciones suficientes para que se formen los primeros átomos de hidrógeno, llamándosele a este proceso: la recombinación donde los núcleos, son, pues, capaces de atrapar a los electrones. Cuando nuestro universo se ha enfriado a cerca de los 10 000 grados Kelvin, los fotones son capaces de estar libres de los choques entre las partículas y se propagan por todo el universo llegando hasta nosotros como ondas de microondas. Nuestros telescopios las han fotografiado y han hecho un mapa de distribución de estas microondas, dando testimonio a los físicos actuales de que el universo aparentemente sí surgió del Big Bang. Después del proceso anterior aparece la gravedad e interactúa con el plasma de partículas, dando origen a todas las estructuras conocidas o por conocer, de nuestro universo. Después de este paso empieza el nacimiento de las estrellas y la formación de las galaxias y en el futuro el nacimiento de los planetas. Todo lo anterior son los procesos imaginados por los científicos para explicar de cómo se formó nuestro universo, desde la gran explosión hasta nuestras galaxias y estrellas.

Ahora vamos a narrar cómo los científicos, con sus observaciones, instrumentos y experimentos, llegaron a concebir el universo Big Bang. Los científicos y principalmente los astrónomos, han observado y escudriñado el cielo nocturno para arrancarle al universo sus secretos. En el siglo XX la astrofísica ha tenido un desarrollo impresionante, gracias a las nuevas tecnologías aplicadas en la construcción de modernos y poderosos telescopios. Con estos telescopios se han estudiado toda clase de estrellas y galaxias; con estos telescopios se descubrió el hecho de que las galaxias se estaban separando unas de otras. Cuando miraban el espectro de la luz que recibían de las estrellas encontraban que el espectro estaba recorrido al rojo. Se sabía que estos corrimientos eran consecuencia del efecto Doppler. El efecto Doppler dice que las ondas nos llegan más comprimidas si la fuente que las produce se acerca a nosotros y más enrarecidas, o largadas si se aleja de nosotros la fuente que las produce, así que, cuando se fotografían los espectros de la luz que procede de las galaxias y hay un corrimiento al rojo de los espectros de la luz emitida por ellas, esto nos indica que las galaxias se están alejando de nosotros y por ende entre ellas. Esto sucede en todas las direcciones en que apuntemos el telescopio hacia el espacio. Lo que estamos midiendo de las estrellas es su luz, luego entonces, necesitamos saber primero qué comportamientos tiene la luz bajo ciertas condiciones para poder afirmar que las estrellas de las galaxias se están alejando de nosotros. Se sabe que la luz se curva o cambia de dirección cerca de cuerpos masivos como nuestro Sol, esto lo demostró Sir Frank Watson Dyson al tomar fotografías de las estrellas que estaban cercanas al Sol antes y después del eclipse del 29 de mayo de 1919. En el eclipse solar, cuando un rayo de luz de una de las estrellas que están atrás del Sol pasa cerca de él, la luz se curva, digamos de forma cóncava y luego, cuando el rayo pasa rozando la Luna lo vuelve a curvar ligeramente, así pues, en la foto se ve que las estrellas están en posiciones diferentes a como estaban en tiempo real antes del eclipse solar (figura 3). Para discernir sobre este tema tenemos que hablar de los trabajos de Edwin Hubble hechos en la década de 1920, en los cuales fotografió los espectros de la luz emitidos por las galaxias y descubrió que se estaban recorriendo al rojo y esto sólo se podía explicar si las galaxias se estaban alejando de nosotros, como dijimos antes, se podría decir que también se estaban separando unas de otras. También encontró que el corrimiento al rojo de la galaxia era proporcional a la distancia a la que se encuentra ésta, o sea, entre más lejana está la galaxia, más es el corrimiento al rojo. Este enunciado es conocido como la ley de Hubble, la cual nos permite calcular la edad de nuestro universo al encontrar el valor de la constante de proporcionalidad conocida como la constante de Hubble. En los tiempos de Hubble no se contaba con los aparatos tan avanzados como hoy en día y al calcular el valor de la constante de Hubble se llegó a resultados tan absurdos como que la edad del universo era de tan sólo 2000 millones de años, que no correspondía a la realidad existente, porque ya se sabía en ese entonces que por la desintegración de los materiales radiactivos que había en nuestro planeta, la edad de la Tierra era de unos 4 500 millones de años. En la actualidad, con el telescopio espacial Hubble se ha hallado un valor más preciso a la constante de Hubble que nos permite saber que la edad de nuestro universo es de unos 13 700 millones de años. Hay que hacer notar que la constante de Hubble no concuerda con el principio de la naturalidad de la física, porque para cada experimento que se realiza para encontrar su valor se llega a resultados diferentes y hay que hacer ver que el mismo Albert Einstein no la tomó en cuenta en un principio en la ecuación de la teoría de la relatividad general. Para Einstein el espacio no se expandía, sólo se curvaba, pero las observaciones hechas por los astrónomos le hicieron reflexionar al respecto y decidió agregar la constante cosmológica a su ecuación.

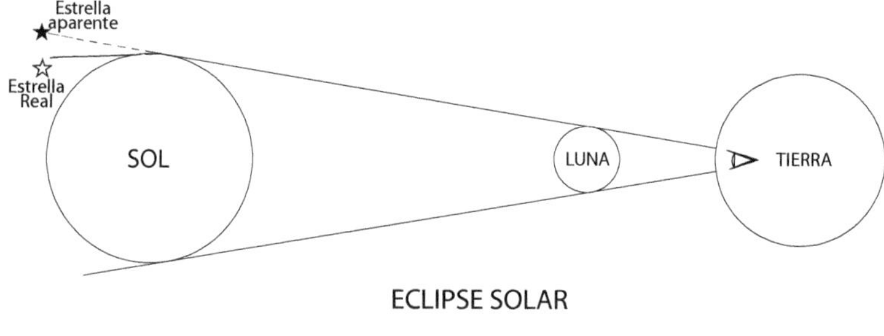

Figura 3

La constante cosmológica propuesta por Einstein lleva implícita la expansión del universo igual que la constante de Hubble. Con estas observaciones hechas por Hubble, que nos sirvieron para calcular el comienzo del universo, reafirma la hipótesis del

Big Bang de que el universo sí tuvo un principio, que el universo sí tuvo un origen y que no ha sido eterno. También se ha observado que nuestro universo está formado por grupos de galaxias de por lo menos cincuenta galaxias cada uno y estos grupos de galaxias forman a su vez cúmulos de galaxias compuestos por miles de grupos de galaxias y todavía estos cúmulos de galaxias forman supercúmulos de galaxias. Esta acumulación de masa no se da al azar, porque los supercúmulos dan muestra de que tienen dirección y sentido, se dirigen a dos puntos en el universo. Esta estructura del universo nos lleva a una paradoja. ¿El universo se está expandiendo aceleradamente, como nos dice Hubble?, o ¿se está contrayendo a dos puntos del universo? La observación del universo por medio de los telescopios y los corrimientos al rojo de la luz nos indica que se está expandiendo, que las galaxias se separan, pero a la vez los supercúmulos se están acumulando, porque todos concurren a dos puntos del universo. Esto nos lleva a lo siguiente: el mensajero (la luz) nos está mintiendo o no estamos tomando en cuenta que el mensajero está siendo manipulado por algo o la mera verdad, el mensajero sí nos dice verdaderamente lo que está sucediendo en el universo; el mensajero nos está diciendo llanamente que están sucediendo las dos cosas. En lo personal, me inclino por lo último y lo vamos a explicar al final, en el universo dialéctico. Según el modelo del Big Bang de la creación del universo, toda la energía existente hoy en día es la misma energía que había al comienzo del universo, así que los científicos no se pueden explicar por qué el universo se está expandiendo y acelerando y la única solución que encuentran para que esto ocurra es porque existe una energía oscura que está propiciando este fenómeno. Esta energía oscura equivaldría al 68% de la materia del universo, pero es una energía escurridiza que no se ha detectado absolutamente nada de ella. Esta energía obscura es una energía que no reacciona para nada con el espectro electromagnético y no hay rastros de ella por ninguna parte del universo, aparentemente sólo se detecta por el efecto del trabajo que realiza sobre las galaxias al acelerarlas. Cuando hablemos del universo dialéctico vamos a presentar otra hipótesis para explicar la expansión del universo. Otro hecho que han observado los astrónomos en el universo es que las estrellas exteriores de las galaxias se mueven casi a la misma velocidad que las estrellas del centro de ésta. Este fenómeno no concuerda con lo que se esperaría aplicando la teoría de la gravitación universal de Newton, que dice que los cuerpos más alejados de un sistema que gira se deben mover más lentos que los que están cercanos al centro del sistema. Esto se puede observar y entender en nuestro sistema solar porque el planeta más cercano al Sol es Mercurio y su periodo de translación es de 88 días aproximadamente y viaja a una velocidad de 172 404 Km por hora, Venus tiene un periodo de 225 días y una velocidad de 126 108 Km por hora, la Tierra tiene un periodo de un año y una velocidad de 107 244 Km por hora. Como se ve en lo anterior, la velocidad disminuye si el planeta está más retirado al Sol. Para explicar el fenómeno de las estrellas veloces, los físicos suponen que la galaxia está sumergida en una nube de materia oscura que hace que las estrellas se aceleren, la materia oscura les aplica una fuerza a las estrellas exteriores y las hace moverse a una velocidad mayor que la esperada por la ley de la gravitación universal. Esta materia oscura equivaldría al 27% de la materia del universo. La materia oscura no reacciona con las ondas electromagnéticas, al igual que la energía oscura, por lo que no se puede detectar, tampoco se ve, pero los físicos suponen que sí actúa de alguna manera sobre las estrellas que las hace acelerarse o moverse a mayor velocidad. Aquí el problema de las estrellas veloces sería resuelto si consideramos que la luz, si es atraída por la masa de la galaxia, suponer que ella sí se curva por la acción gravitacional de toda la galaxia, aceptar que los millones de estrellas, nebulosas y millones de agujeros negros de la galaxia sí la jalan hacia el centro de ella. Como vimos anteriormente en el experimento de Sir

Frank Watson Dyson, que demostró que nuestro Sol y la Luna sí curvan la luz procedente de las estrellas, por qué no suponer que la masa galáctica atrae y curva la luz que nos llega de sus estrellas. La teoría de la relatividad general de Einstein dice que la masa curva el espacio-tiempo, por lo que debe de existir una curvatura pronunciada alrededor de la masa galáctica que debe alterar la trayectoria de la luz al pasar por ella. Si esto ocurre, un rayo de luz de una estrella fuera del centro de la galaxia se curvará por el efecto de la gravedad y recorrerá una distancia mayor que un rayo de luz de una estrella que está en el centro de la galaxia. La luz de todas las estrellas exteriores de la galaxia formaría como un embudo en su trayectoria hacia la Tierra. Además, la luz emitida por una estrella del centro de la galaxia también siente el efecto de la gravedad de la galaxia porque es atraída por ésta. Ésta trayectoria de embudo del rayo de luz sería de una forma convexa, por lo que hará parecer la galaxia más compacta de lo que es y por supuesto que el espectro de la luz de la estrella estará recorrido al rojo en comparación con el espectro de las estrellas centrales de la galaxia. Este corrimiento al rojo es porque la luz está afectada por la gravedad y no porque la estrella está acelerada por la materia oscura. Es mejor suponer que de alguna manera, la gravedad de las galaxias sí interacciona sobre los fotones y los curva a suponer que exista una materia misteriosa que hace moverse a las estrellas a una mayor velocidad de la esperada. Si la gravedad de las galaxias hace que se junten en grupos de cincuenta galaxias y negar que una galaxia modifica la trayectoria de un fotón, es algo que no se puede aceptar. Suponer que en el universo existe una energía y una materia oscura que constituyen el 95% de la materia total del universo, nos lleva al caso extremo del éter que se argumentaba debía existir para que la luz se propagara en el espacio. Un éter muy sutil que no producía fricción a los cuerpos celestes en su movimiento, pero muy rígido para propagar los 300 000 Km por segundo de la luz. Afortunadamente el experimento de Michelson-Morley demostró que la luz no requería éter para propagarse, que la luz se propagaba en el vacío del espacio. Así debe suceder con la energía y la materia oscura del universo, debe de haber otra forma de explicar la expansión del universo y lo haremos cuando hablemos del universo dialéctico.

Hemos descrito el universo del Big Bang y expuesto las bases de cómo se desarrolló y cómo culminó en lo que es hoy. Vimos algunos de sus problemas de su expansión y de la aceleración de las estrellas exteriores de las galaxias, pero, en resumen, la teoría del Big Bang arrastra con cuatro problemas fundamentales. El primer problema es su origen, porque sabemos que de la nada no surge nada, así sea una singularidad o una fluctuación cuántica de la gravedad, así que de la nada no se crea nada, por la tanto, no se puede concebir un universo que surja de la nada. El segundo problema es su geometría, porque el universo nace de una gran explosión y le da una geometría esférica de tres dimensiones, es como si hubiéramos inflado un globo hasta el infinito, cuando la realidad del cosmos nos dice que el universo es plano. El tercer problema es la desaparición de la antimateria, no se puede admitir que en la etapa de la bariogénises se haya dado una asimetría que la destruyó por completo. La desaparición de la antimateria viola el principio de la conservación de la energía, viola hasta la configuración homogénea e isotrópica del espacio. El cuarto problema es el problema de la carga eléctrica, porque en el universo no hay tercios de carga positiva y negativa. En el experimento de Robert Millikan y Harvey Fletcher en 1911, se encontró que la carga mínima para el electrón era de 1.59×10^{-19} Coulomb y no un tercio de dicha carga. Esto demuestra que el Modelo Estándar hace trucos para ajustar sus teorías a una realidad que no corresponde o no se ajusta para nada con los procesos verdaderos de la naturaleza.

Universo Dialéctico

Para entender un universo dialéctico es necesario comprender la naturaleza, entrar en sus entrañas en lo particular y en lo general, tenemos que conocer nuestra realidad y ser lo más objetivos posible. Para esto, tenemos que preguntarnos: ¿Qué percibimos a nuestro alrededor?, a lo que diremos que sólo vemos dos cosas que nos rodean, la materia y la luz. Las manifestaciones de la materia y la luz son muchísimas y estudiaremos algunas de ellas. Haremos un recorrido histórico de la evolución del conocimiento humano para entender qué es la materia y la luz. Ya hemos hablado algo al respecto, pero nos concentraremos en los últimos siglos para ver cómo los hombres de la ciencia, utilizando el método científico, han podido arrancarle a la naturaleza algunos de sus secretos. Con estos secretos han hecho modelos para explicar el experimento y llegar a otras conclusiones que nos permitan avanzar en el sendero del conocimiento. Con esta narrativa del desarrollo del conocimiento trataremos de que el lector comprenda el conocimiento científico adquirido por la humanidad al resolver los problemas que se nos presentan cotidianamente. Algunos caminos se han convertido en callejones sin salida, pero la mente humana siempre está abierta y tiene opciones para retomar el rumbo y seguir avanzando. Así que primero debemos saber de qué está compuesta la materia y la luz, y para eso comenzaremos primero con el problema de la materia.

La Materia

Históricamente, la materia está compuesta por átomos, así lo concibieron en los tiempos de los griegos Leucipo, maestro de Demócrito; ambos aseguraban que toda la materia está compuesta por átomos, los cuales eran indivisibles. Si tomamos un trozo de oro y siempre lo dividimos por mitad, llegaremos a un momento en el cual ya no podremos dividirlo más, porque hemos obtenido un átomo de oro. Demócrito afirmaba que había diferentes tipos de átomos para construir todos los diferentes tipos de materiales existentes en la naturaleza. Esto lo cambió, como lo dijimos al principio, Aristóteles, que dijo que la naturaleza estaba compuesta por sólo cuatro elementos, agua, aire, fuego y tierra y que constituían todos los materiales habidos en la Tierra. Para la gente de ese tiempo era de sentido común esta idea de los cuatro elementos y no la de los átomos, tanto así que perduró por casi dos mil años la idea de Aristóteles. Fue hasta 1803 que Dalton dedujo, por varios experimentos, principalmente sobre los gases que deberían existir los átomos y fue el primero en proponer una teoría atómica de la materia. El único error de Dalton fue suponer, al igual que Demócrito, de que el átomo era indivisible, porque en 1906 J.J. Thomson descubrió, como resultado de sus experimentos, que había otra partícula más pequeña que el átomo, una partícula con una carga eléctrica negativa a la cual se le llamó electrón. En 1909 se sabía que las partículas alfa eran de carga eléctrica positiva y también de que ciertos materiales radioactivos las arrojaban al desintegrarse, así que Rutherford, en su experimento, lanzaba estas partículas alfa sobre una lámina finísima de oro y observó que ciertas partículas alfa eran desviadas ligeramente de su trayectoria recta, pero algunas rebotaban hacia atrás. Este hecho le permitió a

Rutherford deducir que el átomo de oro tenía un núcleo de carga eléctrica positiva en su centro, la cual era la responsable de hacer rebotar a las partículas alfa al repelerse mutuamente por la carga eléctrica positiva de ambas. Este hecho le permitió a Rutherford en 1911 dar a conocer al mundo su teoría sobre la estructura del átomo, Rutherford afirmaba que el átomo era como un sistema planetario, con el núcleo en el centro y los electrones girando alrededor de él (figura 4). En 1918 Rutherford descubrió que los núcleos estaban compuestos por protones, usando el mismo proceso para descubrir el núcleo de los átomos.

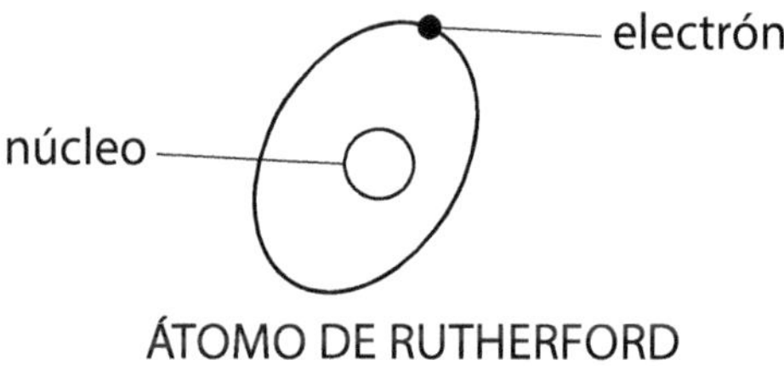

Figura 4

Rutherford ahora lanzó las partículas alfa sobre gas nitrógeno, teniendo como resultado la expulsión de átomos de hidrógeno de la muestra de gas (figura 5). Se sabía que el hidrógeno estaba compuesto de sólo una partícula, así que Rutherford dedujo que su muestra estaba arrojando protones y que cada protón tenía una carga eléctrica positiva. En 1932, James Chadwick descubrió otra partícula al realizar su experimento, el cual consistía en lanzar partículas alfa sobre una lámina de Berilio, de la cual emanaba una radiación de muy alta energía similar a la de los rayos gamma. Este hecho le permitió a Chadwick dar a conocer al mundo científico el descubrimiento de una nueva partícula del átomo, a la cual se le llamó neutrón. El neutrón tenía un poco más de masa que el protón, pero no mostraba carga eléctrica alguna. De todo lo anterior se concluye, pues, que el átomo esté compuesto por tres partículas elementales: protón, neutrón y electrón.

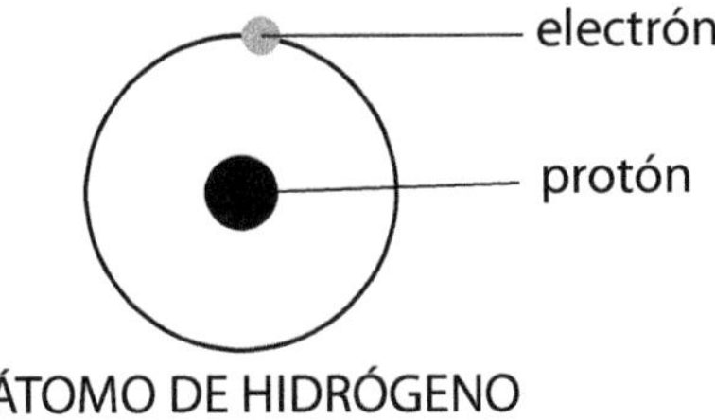

Figura 5

Ondas

Aparte de la materia, lo otro que se encuentra en nuestro entorno es la luz, pero para entenderla es necesario entender qué es una onda. Las ondas son tan comunes en nuestro alrededor que no les prestamos mucha atención, como es el sonido que se produce de todo lo que nos rodea y lo transmite el aire a nuestros oídos, las ondulaciones que se producen al arrojar una piedra a una superficie que contenga una sustancia liquida, como el agua o las elongaciones de un resorte que está colgando, al hacerlo oscilar mediante un peso colocado en uno de sus extremos. A estas ondas se les llama ondas mecánicas, porque necesitan un medio elástico para propagar la perturbación. Toda onda, para describirla, se le asocia una amplitud de onda, una longitud de onda, una frecuencia o un periodo (figura 6).

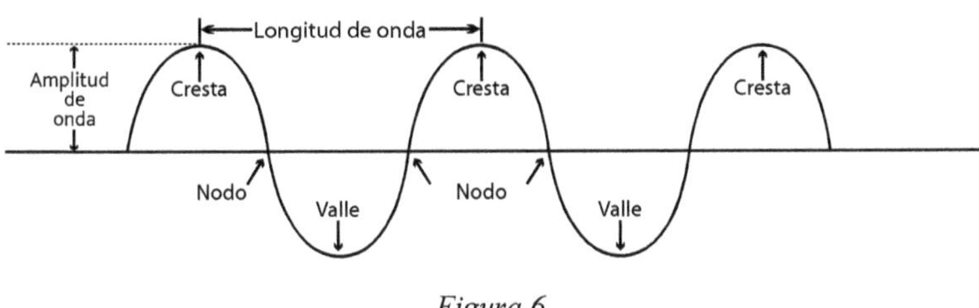

Figura 6

Para entender estos conceptos supongamos que tenemos una cuerda bien tensa y sujeta de un extremo y del otro lado la podemos mover con la mano para arriba y para abajo. Vamos a poner como referencia una línea (figura 7) horizontal que coincida con la cuerda tensa, estando la cuerda en reposo, la subimos una distancia A y luego la bajamos esa misma distancia. A la magnitud A se le llama amplitud de la onda. Este movimiento de subir y bajar la cuerda produce un impulso que viaja por la cuerda.

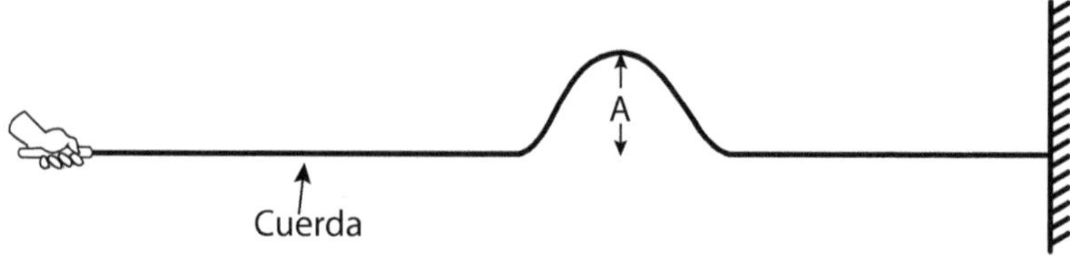

Figura7

La energía que le transmitimos a la cuerda viaja en ese impulso por todo lo largo de la cuerda; la cuerda está en reposo mientras no llega el impulso de la onda y además las partículas de ésta suben y bajan en la vertical al recorrer la onda la cuerda. Si hacemos el mismo movimiento en la parte inferior de la horizontal como el que hicimos en la parte de arriba de la horizontal con un movimiento continuo arriba y debajo de la horizontal, entonces producimos un tren de ondas que están viajando por la cuerda. Si el movimiento de arriba y debajo de la cuerda lo hacemos siempre en el mismo tiempo, entonces estamos haciendo un tren de ondas periódicas. A la parte o pico superior de la onda se le llama cresta y la parte más baja de la onda se le llama valle y a la distancia que hay entre una cresta a la otra cresta se le llama longitud de onda. La longitud de onda es la distancia de cresta a cresta, de valle a valle o de una fase a la otra fase de la onda. Se define la frecuencia de la onda como el número de ondas por unidad de tiempo. Si la velocidad de la onda es constante, entonces se representa dicha velocidad como el producto de la frecuencia por la longitud de la onda, esto es: velocidad de propagación de la onda = frecuencia de la onda x longitud de onda. De esta fórmula se ve que si la frecuencia aumenta, la longitud de onda debe disminuir para que siempre el producto permanezca constante y viceversa. Otro concepto que es necesario entender es el de un frente de onda y para ello vamos a suponer un impulso en tres dimensiones, de tal forma que dibujamos una superficie que pase por todos los puntos que sufren la misma perturbación en un instante dado. Para una onda periódica, dibujamos superficies en los puntos donde estén todos en la misma fase del movimiento. Si el medio en que se propaga la onda es homogéneo e isótropo entonces la dirección de la propagación es siempre perpendicular a la superficie del frente de onda. ¿Pero qué se entiende de que un medio es homogéneo e isótropo? Pues, si dos observadores separados por una distancia dada ven lo mismo de una perturbación que se propaga por el medio de propagación, entonces se dice que el medio es homogéneo y si un observador, en un punto dado, ve lo mismo del medio en cualquier dirección en que se apunte la vista, entonces el medio es isotrópico. Yo creo que la mayoría de las personas hemos jugado con ondas en el agua y principalmente de niños, golpeamos el agua con una mano y luego con la otra y al producir estas ondas se ve que en ciertas partes aumentan de tamaño o se disminuyen o se anulan. Esto se conoce como una interferencia de las ondas. También este efecto se puede explicar de la siguiente manera: tenemos una interferencia constructiva si dos ondas se sobreponen entre sí, de tal manera que, en determinado momento, la cresta de una coincida con la cresta de la otra o el valle de una también coincida con el valle de la otra, haciendo que las amplitudes de las ondas se sumen en esos puntos. También se puede dar el caso de que en determinado momento la cresta de una de las ondas coincida con el valle de la otra y en esta situación las amplitudes de onda se anulan, lo que se conoce como una interferencia destructiva (figura 8).

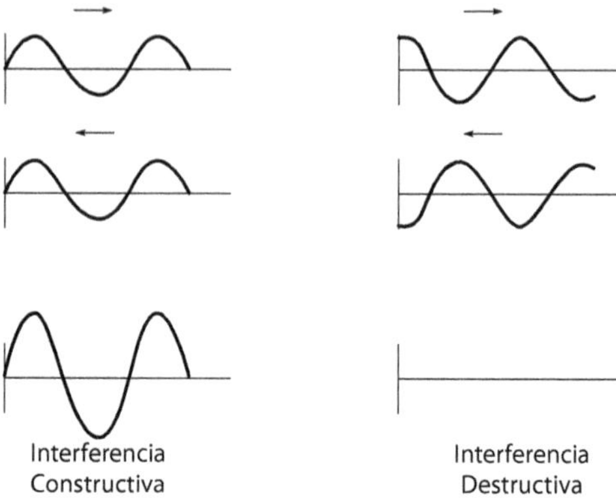

Figura 8

Un caso muy interesante llamado difracción, sucede cuando un frente de onda llega a un obstáculo con una sola rendija, si la anchura de la rendija es mayor que la longitud de onda de la onda, entonces el frente de onda pasa de largo por la rendija sin ninguna consecuencia, pero si la anchura de la rendija es menor que la longitud de onda, lo que sucede es que la rendija se comporta como si fuera una fuente de ondas. De la rendija salen ondas semicirculares (figura 9A).

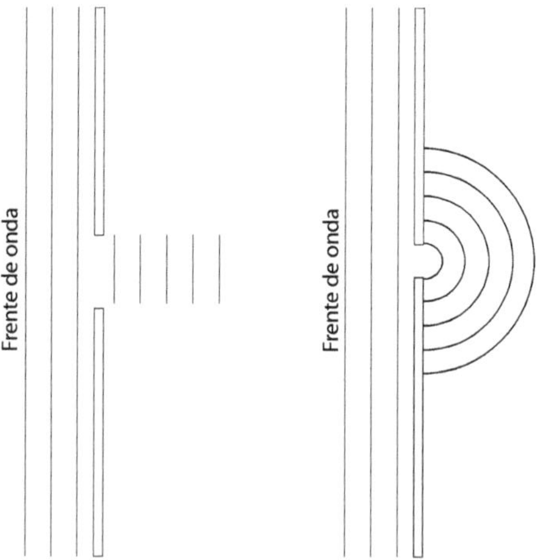

Figura 9A

Pero si hacemos llegar un frente de onda a un obstáculo que tenga dos rendijas, sucede que cada rendija se comporta como una fuente de ondas, cada rendija está produciendo ondas semicirculares que se están sobreponiendo y están interfiriendo entre sí produciendo interferencias constructivas y destructivas y estas interferencias forman un espectro particular, porque en el punto medio entre las dos rendijas se produce una interferencia constructiva intensa y a los lados de este punto se produce una interferencia destructiva y enseguida una interferencia constructiva pero de menor intensidad y así sucesivamente (figura 9B).

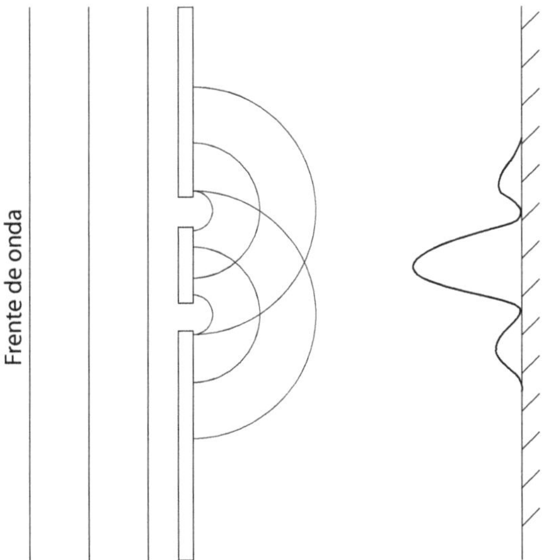

Figura 9B

Este patrón se recoge al poner una pantalla como obstáculo a las ondas difractadas. Este patrón se puede hacer variar de anchura si disminuimos o aumentamos la distancia entre las rendijas. Lo que se sabe hasta ahora es que una onda sólo transporta energía y nada más, no transporta masa u otra cosa, solamente energía. ¿Pero qué es energía? La energía se define como la capacidad para realizar un trabajo. La energía se manifiesta de diferentes formas, como de movimiento, de posición, de electricidad, de calor, de radiaciones electromagnéticas, de frecuencia de onda, química, nuclear y hasta de masa por aquello de la ecuación de Einstein de que energía es igual a masa por la velocidad de la luz al cuadrado. Otro aspecto común de las ondas es que se reflejan cuando inciden sobre un obstáculo, un caso muy curioso sucede con el sonido cuando se da el fenómeno del eco. La luz visible también tiene la propiedad de reflejarse en superficies lisas o planas como el agua o en superficies como los espejos planos, cóncavos o convexos. Otro fenómeno de la luz es la refracción y sucede cuando pasa de un medio a otro medio de diferente velocidad de propagación, como de aire a agua o de agua a aire o de aire a vidrio y este hecho hace que la luz se desvié de su trayectoria recta. Esto explica el hecho de que si ponemos una moneda en el fondo de una taza de tal forma que no podamos verla, pero si le agregamos agua a la taza y según vaya subiendo su nivel la moneda, empieza a ser visible. Esto es en cuanto a las ondas mecánicas y sus manifestaciones, bueno hay más manifestaciones de las ondas mecánicas pero las anteriores son las más indispensables para explicar el comportamiento de las ondas electromagnéticas. La luz visible es una onda electromagnética que no necesita un medio para propagarse en el vacío; la luz se propaga en el vacío del espacio a una velocidad aproximada de trescientos mil kilómetros por segundo y se representa por la letra c. En un medio diferente al vacío, como el agua, se propaga a una velocidad menor, se propaga a una velocidad de 225 000 Km por segundo y en el vidrio a una velocidad de 195 000 Km por segundo. La luz es una onda electromagnética transversal y senoidal de tal forma que, si la luz se propaga en la dirección del eje X, el campo magnético se nueve en plano XY y el campo eléctrico se mueve en el plano XZ (figura 9C).

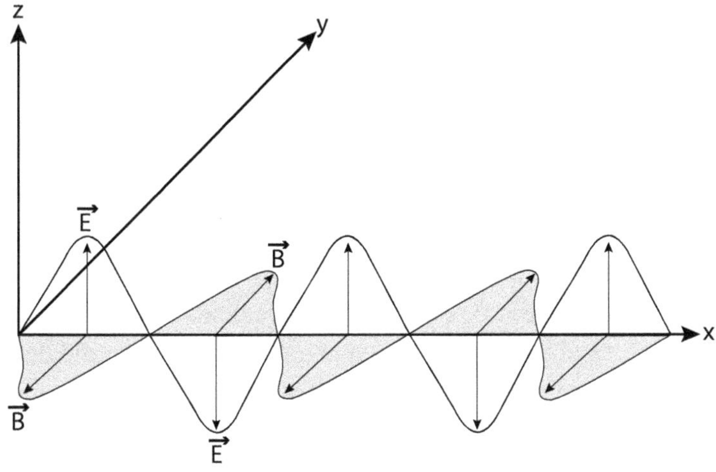

Figura 9C

En la década de 1660, Isaac Newton, utilizando un prisma de vidrio hizo incidir un rayo de luz en él obteniendo un abanico de colores en una pared próxima al prisma. Newton fue el primero en comprender lo que era el arcoíris, porque con ese experimento obtuvo los siete colores principales que lo componían (rojo, naranja, amarillo, verde, añil, azul y violeta). Según Newton, al pasar el rayo de luz del aire al vidrio sufre una refracción o desviación de la recta en que viajaba el rayo incidente y descompone la luz en los colores referidos. Aquí cabe una pregunta curiosa: ¿Por qué siete colores y no seis u ocho? Siento que Newton fue influenciado por las culturas populares que le daban el siete un halo de misterio por aquello de los siete días de la semana, las siete notas musicales, los siete pecados capitales, las siete maravillas del mundo y por qué no tendrían que ser los siete colores de la luz visible.

Para comprobar que los siete colores del arcoíris componían la luz blanca, Newton hizo un disco con estos sietes colores y al hacerlo girar velozmente hace verse el color blanco de la luz en la faz del disco. Para Newton la luz eran corpúsculos y estas partículas, al cambiar de medio del aire al vidrio del prisma, se refractaban por aumentar su velocidad en el vidrio. Esta teoría de Newton chocó con las ideas de su contemporáneo Huygens, que aseguraba que la luz tenía características de onda, pero debido al peso que tenía Newton con los medios científicos de su época, pues se aceptó y se impuso sin contra tiempos la teoría corpúsculos de la luz hasta que, como doscientos años después, los hechos demostraron que la luz tenía propiedades de onda y que su velocidad en el vidrio era menor que en el aire. Otra propiedad que tiene la luz surgió de los experimentos de Heinrich Hertz que mostraron que si se iluminaba con la luz violeta los electrodos que producían un arco o chispa (como la bujía de los automóviles) llegaba mucho más lejos que si no los iluminaba. Esto no se podía explicar si la luz violeta fuera una onda, tenía que ser corpuscular o partícula para que cuando incidiera en los electrodos chocara con los átomos y le sacara más electrones y hacer más intensa la descarga eléctrica para que llegara más lejos la señal del chispazo. A este fenómeno se le conoce como el efecto fotoeléctrico. Este hecho vuelve a dar la razón a Newton, que afirmaba que la luz tenía una naturaleza corpuscular. Para entender esto del efecto fotoeléctrico es como suponer que la antena de la estación de radio de nuestra localidad, al iluminarla con luz violeta aumente más su potencia para que la señal sea más fuerte y poderla sintonizar más lejos. Aquí es donde aparece el dilema sobre la naturaleza de la luz; es partícula u onda. Los físicos llegaron a la conclusión que la luz es una partícula-onda llamada fotón que tiene una velocidad de 300 000 Km por segundo y que tiene una masa de valor cero. Esto a simple vista es una paradoja, algo a la conveniencia de nosotros, porque si un fotón no tiene masa, cómo puede arrancar electrones a los materiales. Einstein sólo pudo explicar el efecto fotoeléctrico agregando al fotón una propiedad de cuanto o paquete de energía producido mediante la energía que tiene por su vibración o frecuencia. Einstein dijo que la energía del fotón era directamente proporcional a la frecuencia del mismo fotón y suficiente para arrancarle un electrón al átomo sobre el cual incide y darle una velocidad capaz de no permitir que el electrón retorne al átomo. Por esta explicación del efecto fotoeléctrico, a Einstein se le otorgó el premio Novel de física en 1921.

Nosotros sólo hemos hablado de la luz visible como una onda electromagnética, pero hay un rango muy amplio de ondas electromagnéticas y empezaremos con las de menor frecuencia hasta llegar a las de mayor frecuencia. Así que comenzamos con las ondas de radio, luego las microondas, siguen las ondas del infrarrojo, de la luz visible, las ondas ultravioletas, los rayos X y por ultimo los rayos gamma.

Ya dijimos que Einstein consideraba a los fotones como paquetes de energía a los que llamó cuantos de energía y que esta energía era directamente proporcional a la frecuencia del fotón, lo cual se puede escribir como: E= h.v donde E es la energía del fotón, h es la constante de Planck y v es la frecuencia del fotón. De esta ecuación se desprende por qué los rayos ultravioleta nos producen quemaduras en la piel cuando nos exponemos al sol, del por qué los rayos X atraviesan nuestro cuerpo y podemos sacar radiografías de nuestros huesos y por qué los rayos gamma tienen tanta energía que si nos exponemos a ellos un rato nos producen cáncer. Como resumen de lo anterior sobre las ondas electromagnéticas, podemos decir que las ondas electromagnéticas son radiaciones que nos llegan de todas partes del universo, que son producto del impulso de un campo eléctrico y un campo magnético cambiante, producido por cargas eléctricas aceleradas que las hacen propagarse infinitamente en el universo con una velocidad c siempre y cuando haya vacío o en un medio que puedan traspasar. Según la teoría de la relatividad general de Einstein, dice que ninguna masa puede moverse a la velocidad de la luz porque para lograrlo se necesita una energía infinita, entonces las ondas electromagnéticas son un ente especial en el universo, que no deben tener masa para poder viajar a la velocidad c. Como toda onda, las ondas electromagnéticas sólo transportan energía que transmiten directamente a los objetos, como es el caso del efecto fotoeléctrico para producir electricidad, la fotosíntesis en las plantas para transformar los minerales en sustancias nutritivas, la excitación de conos y bastones de nuestros ojos para poder ver lo que nos rodea, los hornos de microondas para calentar los alimentos y muchos casos más. Como dijimos al principio de esta nota, los responsables de la carga eléctrica negativa son los electrones y de la carga eléctrica positiva los protones. Los protones pueden tener movilidad o no en los materiales. Se les llama conductores a los materiales que conducen sin resistencia las cargas eléctricas, como el cobre, aluminio, oro, plata, etcétera y se les llama aisladores a los materiales que no pueden mover sus cargas eléctricas, que ponen resistencia al movimiento de las cargas eléctricas, como la porcelana, vidrio, madera, etc. Por lo general son los electrones los que tienen movilidad, saltan de átomo a átomo transportando a la electricidad o su carga eléctrica, mientras en los sólidos los protones están atrapados en el material y no tienen movilidad. Si aceleramos y desaceleramos estas cargas eléctricas en un conductor eléctrico, lo que ocurre es que irradian energía en forma de ondas electromagnéticas. El hombre aprovecha esta propiedad de las ondas electromagnéticas para la radiodifusión y la televisión que usamos como medios de comunicación y de entretenimiento. Si a las cargas eléctricas no las aceleramos y sólo les damos una velocidad constante, entonces no irradian ondas electromagnéticas, pero sí producen un campo magnético entorno al hilo o alambre que conduce las cargas eléctricas. El alambre conductor se comporta como un imán. Ahora, si movemos un imán permanente con cierta velocidad hacia dentro de una espira o un rollo de espiras de un conductor, pues se produce un movimiento de electrones, el campo magnético empuja a los electrones a moverse en el conductor o espira produciendo una corriente eléctrica (Figura 10).

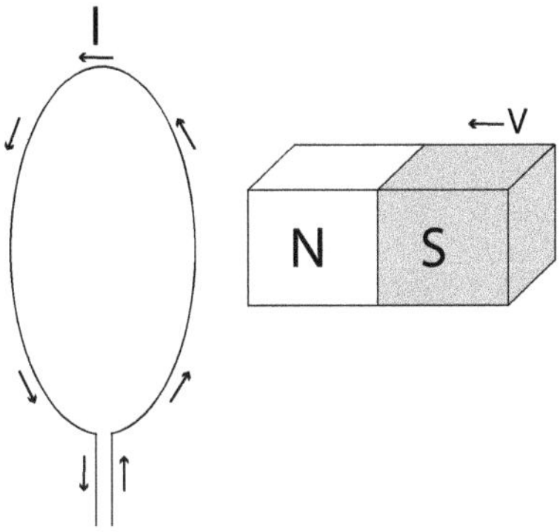

Figura 10

Se puede ver que una carga eléctrica en un movimiento uniforme produce un campo magnético y un campo magnético en movimiento produce un campo eléctrico. Otro fenómeno de las cargas eléctricas ocurre cuando cargamos un conductor con carga eléctrica, si la carga es negativa los electrones se repelen entre sí y se distribuyen en la superficie del conductor. En el caso de que el conductor tuviera la forma de una esfera hueca sucede lo mismo, los electrones se distribuyen por toda la superficie externa de la esfera porque se están repeliendo unos contra otros, pero en el interior de la esfera no existe ninguna manifestación de carga eléctrica, el campo eléctrico es nulo dentro de ella. Puede llegar el caso de que, si depositamos tanta carga negativa en la esfera conductora que puede estar descargándose en forma de chispas eléctricas en el exterior y en su interior no pasa nada, no hay manifestaciones de carga eléctrica dentro de ella. Este efecto se conoce como la jaula de Faraday en honor a Michael Faraday que lo descubrió (Figura 11).

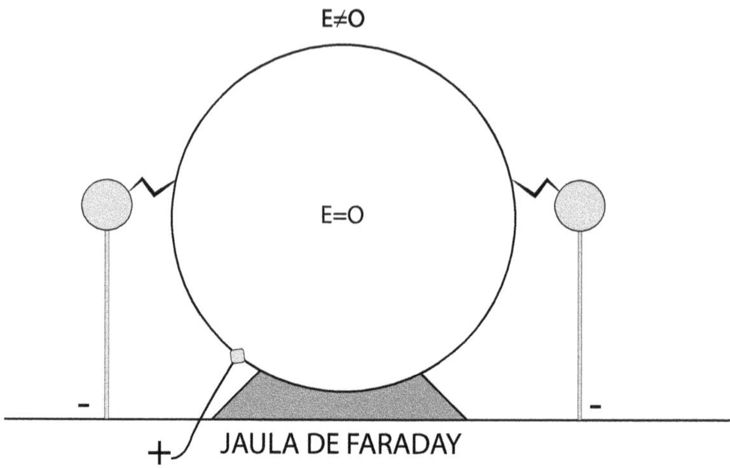

Figura 11

El efecto jaula de Faraday se cumple para cualquier forma del objeto, aquí supusimos esférico el cuerpo conductor, pero puede ser cúbico o de un paralelogramo. En resumen, hablamos de que la materia estaba compuesta por átomos y estos átomos estaban constituidos por electrones, protones y neutrones; de que la luz visible se refractaba y se descomponía en diferentes frecuencias y a cada frecuencia le correspondía un determinado color, de que al hacer la luz incidir en un obstáculo con dos rendijas se difractaba y se sobreponían las nuevas ondas produciéndose una interferencia constructiva y destructiva que producían un patrón determinado, pero en 1924 Louis de Broglie cambió esta perspectiva de visión de la naturaleza al señalar que a las partículas elementales también se les podía asociar una longitud de onda y esta idea cambio la forma de ver y de entender nuestro medio ambiente. En su tesis doctoral, Broglie dijo que un electrón tenía una longitud de onda que era inversamente proporcional a su momento lineal, donde el momento lineal es igual a multiplicar la masa del electrón por su velocidad. Esto se puede escribir de la siguiente manera: $\lambda= h/p$ donde si $p= m.v$ entonces $\lambda= h/m.\,v$ donde λ es la longitud de onda del electrón, h es la constante de Planck, m la masa del electrón y v la velocidad a la que se desplaza el electrón. Esto nos dice algo que es muy trascendental, nos dice que los electrones, los protones y los neutrones se deben comportar como la luz visible, que las partículas elementales se deben refractar y difractar y producir patrones de interferencia como si fueran ondas luminosas.

En 1927, el experimento de Davisson y Gemer confirmó que efectivamente los electrones se difractaban como lo hace la luz, que los electrones tienen una longitud de onda como lo propuso de Broglie en su tesis. También se ha demostrado, experimentalmente, que ocurre lo mismo para los protones y neutrones. Esto tiene un significado muy profundo, porque en el universo no hay nada estático, todo es movimiento, no importa dónde pongamos nuestro punto de referencia, encontramos que lo que hay en nuestro alrededor se mueve y se mueve en forma de movimiento ondulatorio, así sea un átomo de hidrógeno, que es el átomo más sencillo en la naturaleza, porque sólo lo constituye un protón y un electrón, debemos ver un protón ondulando junto con su carga eléctrica mostrando un vaivén similar a lo que sucede en el agua cuando pasa una onda y el electrón, de igual manera es con un movimiento ondulatorio alrededor del protón. Los físicos, con la teoría del modelo estándar de física de las partículas, no ven de esta manera al átomo de hidrógeno, ellos ven al protón como una esfera que está compuesta por tres esferitas nombradas quarks y unidas por gluones. Dos esferitas son nombradas quark arriba (up) con dos tercios de carga positiva para cada una y otra esferita es llamada quark abajo (down) con un tercio de carga eléctrica negativa y por este hecho debe de existir una fuerza eléctrica de repulsión tremenda por tener la misma carga eléctrica los quarks arriba (up) y ahí es donde interviene la fuerza fuerte para mantener a los quarks juntos, unidos por gluones que los confina (Figura 12). Los gluones se representan como resortes y su función es evitar que no se desordenen los quarks.

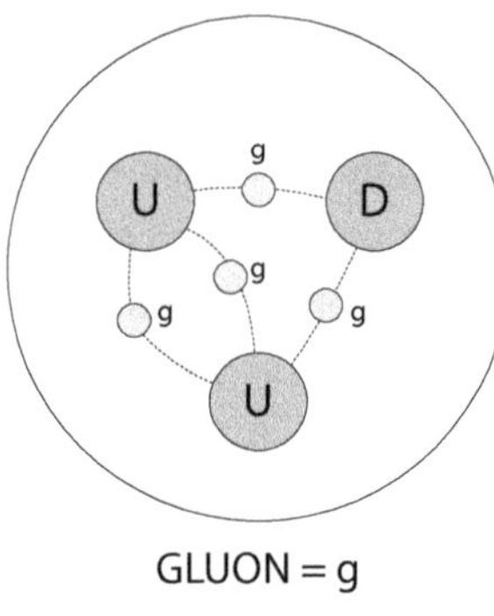

Figura 12

Dijimos que los gluones no tienen masa, así que están moviéndose a la velocidad de la luz entre los tres quarks. Otra propiedad de los quarks, aparte de la carga eléctrica, es que tienen *spin*, porque giran sobre su eje de rotación. Los quarks giran como si fueran planetas dentro del protón. Además, los científicos dan a los quarks otras propiedades de sabor y color para explicar cómo un neutrón se convierte en un protón. Estos procesos de cargas eléctricas divididas, de espines, sabores y colores para entender los fenómenos que ocurren en la naturaleza, son muy complicados. Nada más como ejemplo de ello, lo vemos en las masas involucradas en el protón, la masa del protón es casi igual a un Gev y la masa del quark arriba (up) es casi igual a 0.002 Gev y como son dos, pues su suma es 0.004 Gev y la masa del quark abajo (down) es casi igual a 0.005 Gev, por lo que la suma de las masas de los quarks equivale aproximadamente a 0.01 Gev, donde Gev significa un Giga electrón volt. Como se ve, la masa de los quarks equivale al uno por ciento de la masa del protón y esto no está bien, no se puede comprender que falte el noventa y nueve por ciento de la masa del protón. Los físicos aseguran que la masa faltante está entre los gluones, pero cómo van a tener tanta masa esas partículas que no tienen masa. Como dije antes, esto de los quarks es un absurdo, un disparate del Modelo Estándar. Lo que pasa es que los físicos han encontrado más de trescientas partículas en los aceleradores de partículas y no saben qué hacer con ellas, no se explican qué función tienen. Tal parece que entre más energía les dan a las partículas que chocan, más partículas encuentran. Esto es similar a la infinidad de colores que se pueden obtener de tres colores básicos o a la infinidad de sonidos que se pueden obtener de siete notas musicales y de acuerdo con lo que estamos tratando, podemos decir que es posible obtener una infinidad de partículas si hacemos chocar las tres partículas elementales, como lo son el electrón, el protón y el neutrón. Independientemente del problema de la masa, lo único cierto, de acuerdo con la hipótesis de Broglie, es que las partículas siempre son una onda, aunque a nosotros nos parezcan partículas. Es necesario aclarar que vamos a seguir diciendo partículas para que vaya con el sentido común del lector, cuando en realidad todas son ondas. Con toda la información que tenemos hasta ahora, ¿podemos saber cómo se originó nuestro universo? ¿Se puede concebir otro origen del universo que no sea el Big Bang? Yo creo que sí. Para figurar cómo se originó nuestro universo, nos vamos a apoyar en las leyes de la dialéctica.

La primera ley habla de la unidad y lucha de contrarios, esta ley de la dialéctica implica que debe haber simetría en todo fenómeno que ocurre en la naturaleza. Esto debe de ser cierto para que se conserve la energía universal, si y sólo si existe otro universo antimateria que haga contrapaso a nuestro universo materia. Los universos materia y antimateria mantienen la energía total constante. En el universo del Big Bang esto no sucede así. Los físicos que aceptan esta teoría dan por hecho que la antimateria se destruyó en una asimetría que existió en el proceso de la bariogénises en el comienzo del Big Bang, en la teoría del Big Bang la energía es la misma en todo momento. Desde el inicio el universo de la gran explosión hasta nuestros días, la energía se ha mantenido constante, sólo se ha transformado, es por ello por lo que los científicos no se pueden explicar por qué lo de la expansión del espacio en nuestro universo y tienen que recurrir a la energía oscura para justificar dicha expansión.

En un universo dialéctico no se ocupa para nada la existencia de una energía oscura, porque la expansión del universo es consecuencia de la existencia del universo antimateria y de su comportamiento de onda, que proporciona la energía suficiente para que nuestro universo se siga expandiendo hasta que obtenga su máxima amplitud de onda. En nuestro universo dialéctico existe armonía entre la materia y la antimateria, se da la unidad y lucha de contrarios, no pueden los universos existir separados porque existe una corresponsabilidad entre ellos. Los científicos en los laboratorios utilizan aceleradores de partículas para crear partículas de antimateria, pero sólo por un instante, porque se auto aniquilan, sencillamente porque no están en su universo natural. Los científicos pueden prolongar la vida de las antipartículas utilizando campos magnéticos y eléctricos en los laboratorios, pero en cuanto apagan el interruptor de energía eléctrica las antipartículas desaparecen. Por otro lado, dijimos que nuestro universo materia, es un universo vibrante porque se ha demostrado que lo único que existe en nuestro universo son ondas electromagnéticas y materia y que esa materia que se manifiesta como electrón, protón y neutrón se comporta como onda, así que podemos inferir que nuestro universo es también una onda. Si se parte de que lo particular es una onda, entonces en lo general es también una onda. Si nuestro universo es una onda, luego entonces el universo antimateria debe serlo también, así que nuestros universos deben presentar las propiedades de una onda, como una amplitud de onda, una longitud de onda y una velocidad de propagación. En cuanto a la velocidad de propagación de los universos sólo existen tres opciones: una velocidad cero, una velocidad entre casi cero y cercana a la velocidad de la luz o absolutamente a la velocidad de la luz. Para mi forma de pensar, la velocidad de propagación de los universos debe de ser la velocidad de la luz, porque si tomamos como marco de referencia a nuestro universo, la velocidad de propagación no lo afecta para nada, porque si nos estamos moviendo a la velocidad c, no hay forma de cómo percibir ese movimiento, no hay forma de detectarlo, toda persona en la Tierra dice que está en reposo, cuando la Tierra está girando sobre su eje en todo momento, cuando la Tierra se mueve alrededor del Sol, cuando nuestro Sol gira alrededor de la vía láctea, cuando nuestra galaxia se mueve en el supercúmulo a una velocidad de millones de Kilómetros por hora y cuando nuestro supercúmulo se mueve hacia otros supercúmulos. Al final del libro vamos a explicar cómo se comportan los universos si no se propagan, si tienen una velocidad de propagación cero.

La teoría de la relatividad especial de Einstein indica que el espacio y el tiempo son relativos, dependen del marco de referencia en el que se miden y a qué velocidad se está moviendo el marco de referencia con respecto a nosotros y con respecto a la velocidad de la luz. Lo referente a la amplitud de onda del universo lo vamos a ver más adelante. Por ahora necesitamos saber cómo se comportan los universos onda y desde luego los vamos a comparar de acuerdo con cómo se comportan las ondas electromagnéticas. En las ondas electromagnéticas el campo eléctrico y el campo magnético se propagan cada uno en un plano de un sistema de coordenadas cartesiano; lo mismo debe ocurrir con los universos. Si colocamos los universos en un sistema cartesiano, de tal forma que en el eje de las X vaya la dirección de propagación de los universos, podemos colocar el universo materia en el plano XY y el universo antimateria en el plano XZ. Como se ve en la (Figura 13A).

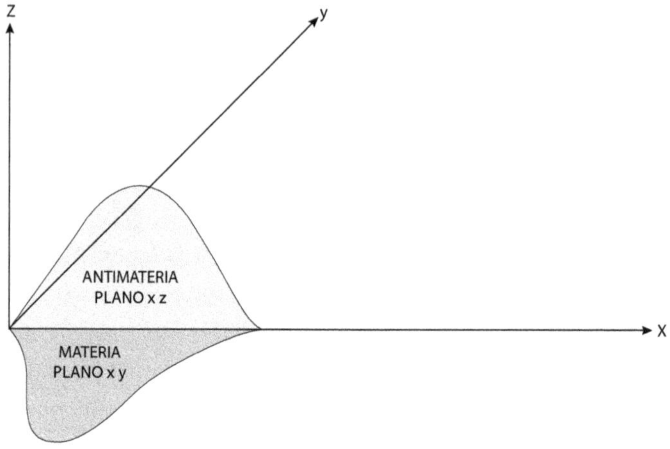

Figura 13A

De esta forma los universos no se tocan, porque si lo hiciesen se anularían. En la figura, los universos se comportan como si fueran una onda electromagnética, esto es, si el universo materia crece, entonces el universo antimateria también crece, si el universo materia decrece, el universo antimateria hace lo mismo y si el universo materia se anula, el universo antimateria hace lo propio. Este tipo de comportamiento electromagnético de los universos no es viable, porque hay un momento en que los universos se anulan y la energía total desaparece, más bien, se anula, los universos se deben comportar como si estuvieran desfasados noventa grados, esto es, si un universo crece, el otro universo disminuye, si un universo llega al máximo, el otro universo desaparece o se anula (Figura 13B). Siguiendo este modelo, podemos figurar cómo se originó nuestro universo. Cuando el universo antimateria llegó a su máxima amplitud de onda, nuestro universo murió y se empezaron a dar las condiciones para volver a nacer. Sabemos que las ondas sólo transmiten energía, por lo tanto, el universo antimateria, estando en plano XY y su amplitud de onda en el eje Z, empieza a transferir una cantidad inmensa de energía de forma exponencial a nuestro universo, haciendo que crezca en el plano XZ y su amplitud de onda en el eje Y que dispara la temperatura hasta 10^{30} grados Kelvin en un espacio, digamos puntual, y en un tiempo cero. Tras el nacimiento de nuestro universo empieza el crecimiento del espacio a la velocidad de la luz, de tal forma que el universo antimateria disminuye a la velocidad de la luz.

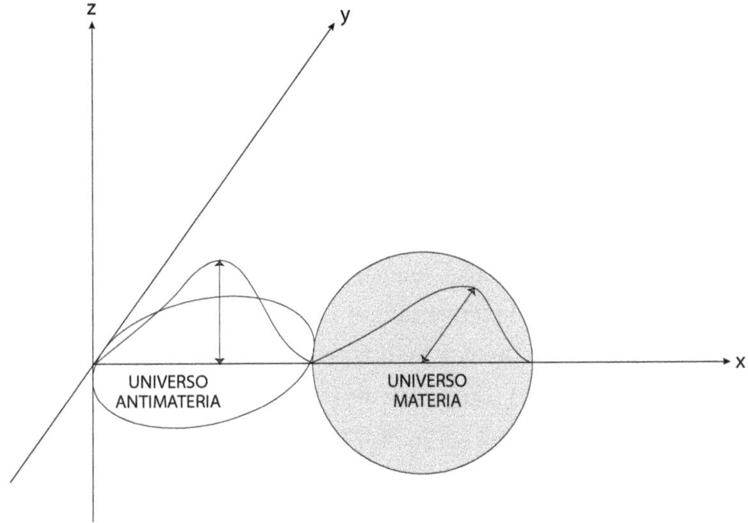

Figura 13B

Se puede imaginar que en el plano XZ, un punto empieza a formar un círculo, cuyo radio crece a la velocidad de la luz y en el eje Y la amplitud de la onda crece también a la velocidad de la luz y por supuesto empieza a transcurrir el tiempo. Desde el inicio de nuestro universo, la única clase de energía que recibe es la energía de radiación y es la responsable del aumento de la temperatura. También hay que tomar en cuenta que esta transmisión de energía le da a nuestro universo un efecto de rotación, como una fuerza de Coriolis. Este efecto tendría que hacer girar a una parte de nuestro universo en favor de las manecillas del reloj y en otra región, en sentido contrario al movimiento del reloj, según sea el punto de referencia. Hasta ahora no ha sido detectado ningún movimiento de este tipo en el universo, quizás nunca lo veremos por las dimensiones tan extensas del mismo. La luz que proviene de esa región del universo que gira en forma contraria a lo que vemos en nuestros alrededores, nunca nos va a alcanzar. Otro efecto en el universo materia debido a su expansión a la velocidad de la luz, es que lo hace homogéneo e isotrópico en toda su extensión espacial. Ahora, como consecuencia de la expansión del universo, la temperatura está disminuyendo y se dan las condiciones para aplicar la segunda ley de la dialéctica que dice que debe haber una transición de la cantidad a la cualidad, de la abundante energía de radiación a una transformación diferente del universo. Como ven, esta segunda ley de la dialéctica implica que el universo no es estático, sino que tiende a cambiar, tiende a evolucionar, tiende a transformarse a consecuencia del cambio del espacio, el tiempo y la temperatura. Desde este momento, nuestro universo sólo recibe del universo antimateria energía de radiación. Ahora las condiciones de nuestro universo son diferentes, la temperatura es de 10^{25} grados Kelvin, la expansión del universo creciendo a la velocidad de la luz y recibiendo energía de radiación de forma exponencial. En estas condiciones nuestro universo está limitado en su expansión, por lo que, al recibir energía de radiación en forma exponencial, hace que esta energía ejerza una presión de forma también exponencial sobre nuestro universo. Esta presión exponencial y el cambio de temperatura hacen que se acumule la energía de radiación en paquetes, digamos, más densos, o en palabras de Albert Einstein, los cuantos de energía se convierten en supercuantos de energía. En estas condiciones de presión y temperatura, se produce un recalentamiento de nuestro universo que tiene como consecuencia el rompimiento de los supercuantos de energía dando nacimiento a las primeras partículas del universo. En palabras de la segunda ley de la dialéctica, se puede decir que se da la transición de la cantidad de supercuantos de energía de radiación a partículas de materia, como consecuencia de un brusco aumento de temperatura que los rompe. De este rompimiento de los supercuantos surgen el positrón materia y el electrón. El positrón es una partícula de carga positiva y masa cero y que por lo tanto se mueve a la velocidad de la luz y que denotaremos de la siguiente manera: V+. El electrón tiene carga negativa del mismo valor que la carga positiva del positrón. Además, el electrón sí tiene masa. Ahora podemos decir que el electrón tiene la carga eléctrica que tiene, debido a las condiciones que tenía nuestro universo cuando lo formó. El electrón en sí, es una partícula muy especial, porque presenta muchos comportamientos en los fenómenos en que participa, porque si está en reposo crea un campo eléctrico negativo alrededor de él, que decae con la distancia al cuadrado, si se mueve a una velocidad constante crea un campo magnético alrededor de él y si lo aceleramos irradia energía electromagnética, de acuerdo a las ecuaciones de Maxwell y para completar el cuadro, del experimento de Stern – Gerlach en 1922, se encontró que el electrón tiene *spin*. Si el electrón tiene *spin* significa que gira y por lo tanto tiene momento angular que apunta a una dirección o en sentido contrario. El electrón se comporta como un pequeño imán que es consecuencia de la parte del campo magnético presente en el supercuanto de radiación electromagnética cuando se rompió y que le da un movimiento de giro. Lo que no pueden explicar los científicos es qué es lo que gira del electrón porque algo tiene que girar para manifestarse como imán, pero si gira la masa tendría que ser una masa especial, una masa como la que conocemos no puede ser posible, el electrón, si girara con una masa que hay en nuestro mundo, tendría que ser una masa infinita, una masa común y corriente nos llevaría a un absurdo. Para los científicos esto es un enigma, porque no se explican cómo el electrón se puede manifestar como imán y prefieren callar o no mencionar esto. Es necesario hacer una distinción entre estas dos masas. A la masa del electrón la llamaremos masa de radiación porque proviene de la energía radiante del supercuanto y a la otra masa la llamaremos como todos los científicos la conocen, como masa inercial. Esta masa de radiación es una masa especial que sí le permite al electrón girar sin ningún contratiempo porque es su masa natural. Las dos masas son diferentes y lo único que tienen en común es que ambas tienen inercia.

Para continuar con la explicación de cómo se originó nuestro universo, es menester recordar otra vez en qué condiciones se encuentra el universo en el momento en que se formaron el positrón y el electrón. La temperatura, como dijimos antes, es de 10^{25} de grados Kelvin y ha transcurrido un tiempo de 10^{-25} segundos desde que inició nuestro universo y éste se encuentra sometido a una tremenda presión. Así que, en el instante en que aparece el electrón, está obligado a participar en la expansión del universo y a sufrir una tremenda presión exponencial. Debido a esto, el electrón es acelerado y de acuerdo con la teoría de Einstein, empieza a adquirir masa por la aceleración y la presión y cuando ha alcanzado casi la velocidad de la luz, su masa ha aumentado aproximadamente 2000 veces el valor de su masa radiante original. Es tan repentino este aumento de masa inercial que el electrón queda prácticamente atrapado en la masa inercial creada. La masa radiante y la masa inercial adquirida no se mezclan, pero deben de atraerse según la ley de la gravitación universal. La masa inercial que encapsula al electrón actúa como aislante y prisión de éste, porque no puede traspasar esa barrera de masa. En el proceso de aceleramiento del electrón ocurren dos cosas; una referente a la carga eléctrica y otra sobre la masa. En lo que respecta a la carga, el electrón no puede presentar manifestaciones de campo eléctrico, cuando mucho puede estar radiando energía porque está acelerando. Una vez que llega a casi a la velocidad de la luz y a tener como un reposo relativo, es cuando manifiesta campo eléctrico negativo y por lo tanto tiene la capacidad de atrapar un positrón. Por la ley de Coulomb el positrón y el electrón se atraen y el positrón se mueve en un movimiento circular a la velocidad de la luz alrededor de la masa inercial. Este movimiento circular del positrón induce al electrón a tener también un movimiento circular dentro de la masa inercial. En cuanto a la masa, hay que figurar cómo se encuentra el electrón en su jaula. Dijimos que por aceleramiento y presión el electrón ha adquirido una masa inercial equivalente a 2000 veces la masa radiante de él. Esta masa inercial bien cabe en un cascarón esférico de espesor de 2.5 veces el diámetro del electrón y el electrón encerrado tiene un espacio para moverse de aproximadamente 11 veces su diámetro. También dijimos que el electrón debe tener un movimiento circular en su confinamiento y esto sólo puede suceder, si y sólo si la masa inercial y la masa radiante se repelen. Esto debe ser así, porque si existiera fuerza de atracción entre las masas, pues, el electrón se atascaría en la masa inercial impidiéndole que tenga su movimiento circular. Esto, como ven, es la causa principal por la que el electrón no puede pasar la barrera de masa inercial y escapar de su prisión. Esta fuerza gravitacional de repulsión mantiene al electrón atrapado. Como vemos hasta ahora, se puede decir que en nuestro universo sólo existen tres fuerzas; la eléctrica, la magnética y la gravitacional y en todas ellas hay fuerzas de atracción y repulsión, la fuerza gravitacional no podría ser la excepción, como lo indica la ley de la gravitación universal. Por simetría, la masa inercial atrae a otra masa inercial, así como una masa radiante atrae a otra masa radiante, pero una masa inercial y una masa radiante se repelen. Cada una de las fuerzas tienen su reino o dominio, la fuerza magnética predomina en el núcleo del átomo, la fuerza eléctrica en los átomos y las moléculas y la fuerza gravitacional predomina en el gran espacio sideral. Las tres fuerzas son intensas pero la más poderosa viene siendo la gravitacional. Es tan intensa que puede jalar, curvar y atrapar a las ondas electromagnéticas. La naturaleza es sabia y siempre se presenta como una unidad y lucha de contrarios, esto significa que en todo proceso en el espacio-tiempo existe simetría. En la carga eléctrica se da la carga positiva y negativa, en el campo magnético el polo positivo y el polo negativo y en la gravedad, la masa inercial y la masa radiante.

Los científicos han inventado dos fuerzas más para explicar ciertos fenómenos que ocurran en la naturaleza: las fuerzas nucleares fuertes y las débiles. En nuestro universo dialéctico no se ocupan para nada estas dos fuerzas hipotéticas, con las tres fuerzas que vimos anteriormente se pueden explicar todos los fenómenos que ocurren en el universo. En resumen, desde que el supercuanto de energía se rompió y se formó el positrón y el electrón y el electrón adquirió masa extra por la presión y su aceleramiento y al llegar a un estado de reposo relativo y atrapó un positrón, podemos decir que el universo ha creado otra partícula, el universo ha creado al protón.

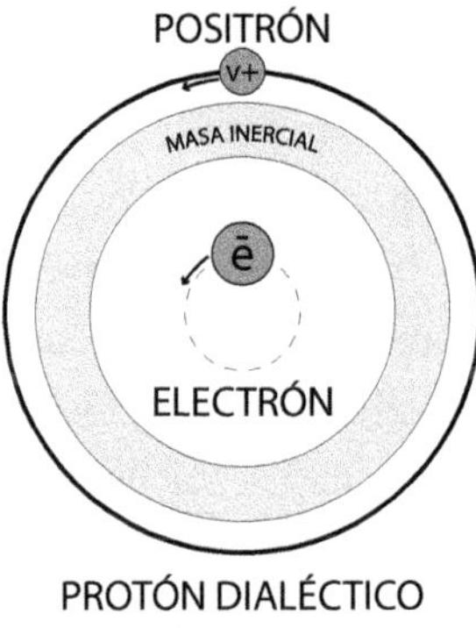

Figura 14

Con la formación del protón el universo perdió presión y temperatura, pero para mí es que aún existen condiciones suficientes todavía para producir otra oleada de protones, porque el universo sigue recibiendo energía de radiación de manera exponencial que hace que aumente la presión y la temperatura, produciendo otro recalentamiento del universo para formar más protones o como mínimo, una producción inmensa de electrones y positrones. Lo que sí podemos decir con certeza es que al término de este proceso se ha creado toda la materia de nuestro universo. Toda la materia existente hoy en día en el universo se formó en ese lapso. Cuando nuestro universo ya no pudo llegar a un estado de recalentamiento, cambió a un estado de enfriamiento de manera continua que llega hasta nuestros días. El tiempo sigue avanzando, ya ha transcurrido un segundo desde que se inició nuestro universo y nuestro universo se ha estabilizado. La presión por la energía de radiación ha disminuido y casi desaparecido, pero no del todo, porque nuestro universo aún se está expandiendo y la temperatura continúa disminuyendo también. La temperatura está en el rango de 10^8 grados Kelvin y nuestro universo continúa recibiendo energía de radiación que llena al espacio de fotones, los cuales chocan con los protones y los electrones, produciendo más fotones de diferentes energías. En estas condiciones, los protones no pueden existir como partículas libres, así que se agrupan formando núcleos de helio. Aquí vamos a hacer un pequeño paréntesis para explicar, cómo se unen dos protones para formar un núcleo de helio de acuerdo con el Modelo Estándar y al modelo del universo dialéctico.

Primeramente, el proceso en el cual se unen dos protones se conoce en la física como fusión nuclear. La fusión nuclear ocurre de forma natural en todas las estrellas del universo. Para que se dé la fusión nuclear según el Modelo Estándar, la estrella debe tener una temperatura de $10.000x10^6$ grados Kelvin para poder vencer la fuerza eléctrica de repulsión que se está dando entre los protones al tratar de juntarlos a una distancia tan pequeña para que aparezca la fuerza nuclear fuerte y los mantenga unidos. Como ven, la fuerza nuclear fuerte sólo aparece cuando prácticamente los protones están juntos o casi unidos. Si un protón se distancia poquito del otro protón, pues salen disparados por la fuerza de repulsión eléctrica entre ellos. Nuestro Sol nos ilumina y nos da calor porque fusiona protones, pero resulta que nuestro Sol tiene una temperatura de sólo $10x10^6$ grados Kelvin y según el Modelo Estándar, pues, nuestro Sol no está capacitado para fusionar protones. Le falta al Sol 1000 veces su temperatura para fusionar protones. Esto sacó de quicio a los científicos del siglo XX, porque no entendían cómo un protón podía pasar la barrera que representaba la fuerza de repulsión eléctrica entre ellos a una temperatura 1000 veces más baja de lo requerido y no les quedó de otra más que hacer trampa para explicarlo. Así, en 1928, George Gamow inventó el *efecto túnel,* que permitía al protón pasar la barrera, esto es, que el protón no tenía que brincar la barrera, sino que la podía traspasar. Este efecto túnel lo podemos imaginar de la siguiente manera: Si vamos por un camino y nos encontramos con un cerro de cierta altura y que para continuar con nuestro sendero tenemos que pasarlo sin rodearlo, pues tenemos que subirlo y bajarlo para llegar al otro lado de él, como ocurre en la naturaleza en cualquier obstáculo que se nos presenta, pero con el efecto túnel, según Gamow, no ocurre esto, sino que, al llegar al pie del cerro se empieza a formar un hoyo que, según vamos avanzando, se hace más profundo, el cual nos permite cruzar el cerro sin subirlo ni bajarlo. Por supuesto que esto es irreal, no se puede hacer un túnel en el cerro sin hacer trabajo, esto viola los principios de la física como ciencia, principalmente el de la conservación de la energía, no se puede hacer ciencia con modos que violan leyes y principios. Hasta ahora los físicos y científicos han callado y sostenido esta hipótesis sin protestar, con su silencio han permitido que haya magia en la física, una física irreal, mística y divina. Para explicar la fusión nuclear en el universo dialéctico, es necesario hacer una distinción entre la fuerza eléctrica y la magnética y cómo interactúan. Para ello nos vamos a referir a lo que sucedió en la novena conferencia general de pesas y medidas de 1948, donde se definió el ampere de la siguiente manera: «Un amperio es la corriente eléctrica constante que mantenida en dos conductores rectos paralelos de longitud infinita de sección circular despreciable y colocados a un metro de distancia de separación en el vacío, produciría, entre estos conductores, una fuerza magnética igual a $2x10^{-7}$ Newtons por metro de longitud». Como ven, los conductores no están eléctricamente neutros, porque hay un exceso de electrones circulando por ellos, así que, cada electrón de un conductor ejerce una fuerza eléctrica sobre cada electrón del otro conductor. Por la ley de Coulomb se calcula la fuerza eléctrica entre cada electrón y da como resultado una fuerza eléctrica de repulsión de $23x10^{-29}$ Newtons, pero por cada amperio de corriente eléctrica deben pasar $6.24x10^{18}$ electrones, por lo tanto, la fuerza total es de $1.43x10^{-9}$ Newtons. Si dividimos la fuerza magnética y la fuerza eléctrica entre los dos conductores $Fm/Fe = 2x10^{-7}N/1.43x10^{-9}N = 140$, esto significa que la fuerza magnética es 140 veces más intensa que la eléctrica para este caso. Esto viene a colación porque dentro de cada protón está un electrón con movimiento circular por efecto del positrón que lo circula y por el efecto de inercia que tiene el electrón atrapado que le da su masa de radiación, éste continua siempre moviéndose de esa forma. Este movimiento circular del electrón encerrado induce un campo magnético que puede atraer o repeler a otro protón. Es una de las propiedades del electrón, que al moverse con una velocidad constante, induce de inmediato un campo magnético. Por este hecho se puede decir que los protones están polarizados, porque depende de cómo giren los electrones atrapados, si giran en el mismo sentido se atraen los protones y si giran en sentido contrario se repelen. Con esta información vamos a explicar cómo se da la fusión nuclear en el universo dialéctico.

Vimos que la fusión nuclear ocurre en las estrellas de forma natural y que nuestro Sol, como estrella, fusiona protones, aunque tenga una temperatura de sólo $10x10^{6}$ grados Kelvin y esto se debe a que el protón dialéctico es diferente al protón del Modelo Estándar, que no nos dice dónde empieza la carga eléctrica y dónde termina la masa o si la masa y la carga están revueltas o mezcladas. En el protón dialéctico la carga positiva la proporciona el positrón que gira sobre la masa inercial a 10^{24} veces por segundo dándole una apariencia de distribución de carga eléctrica sobre el protón. Así que, cuando en el Sol se da la fusión de dos protones ocurre lo siguiente: Al acercarse los protones se da la fuerza eléctrica de repulsión entre ellos debido a la carga positiva de los positrones, hasta que uno de los positrones sale disparado quedando sólo un positrón uniendo a los dos protones. Es por eso por lo que nuestro Sol fusiona protones, porque requiere menos energía para fusionarlos y esto explica por qué el hombre es capaz de fusionar protones en la Tierra al producir bombas de hidrógeno. Con el protón del Modelo Estándar tendría el hombre que producir temperaturas de $10.000x10^6$ grados Kelvin para producir la bomba de hidrógeno, cosa casi imposible de realizar. Por otro lado, en el Modelo Estándar, los protones quedan ligados por la fuerza nuclear fuerte y en el Modelo Dialéctico quedan ligados por un positrón y los campos magnéticos inducidos por los electrones atrapados en los protones (Fig. 15).

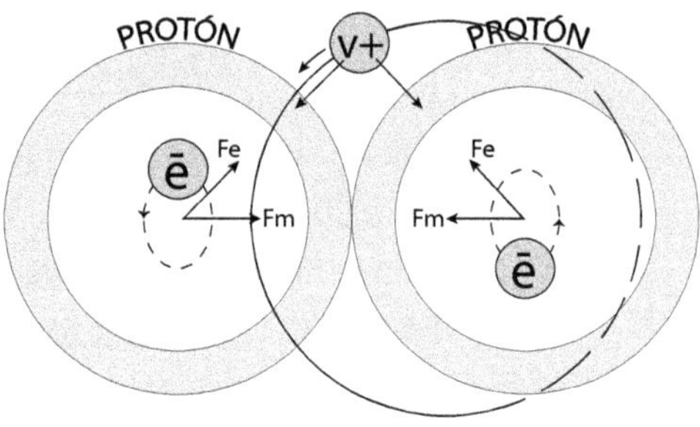

Figura 15

Esta estructura nuclear es muy especial, porque forma lo que llamaremos ladrillos nucleares para formar núcleos más pesados. Es la estructura más estable, porque si le añadimos un protón más al ladrillo nuclear, los campos magnéticos de los electrones quedan desfasados disminuyendo su fuerza de atracción magnética y dando la probabilidad que se despolaricen y sea rechazado un protón. Ahora podemos comprender la razón por la cual los átomos muy pesados lo único que arrojan son estas estructuras, arrojan un ladrillo nuclear del cual están compuestos, arrojan un núcleo de helio, arrojan una partícula alfa.

Vamos ahora a explicar cómo se formarían núcleos más pesados en el universo a partir de la fusión de dos protones que están ligados por un positrón y las fuerzas magnéticas. Cuando una estrella une o fusiona un protón a un ladrillo nuclear, quedan ligados por dos positrones, los cuales deben de girar desfasados y lo más retirados para que la fuerza de repulsión sea mínima y evitar ser expulsados de la estructura atómica y si por alguna circunstancia uno de ellos es expulsado, pues, cambia la estructura atómica original por las fuerzas magnéticas de los electrones encerrados y por supuesto que ésta es la segunda estructura básica para formar más núcleos de mayor peso, porque el siguiente paso es unir otro ladrillo nuclear u otro protón al núcleo y así sucesivamente. Claro que los protones añadidos tienen que estar polarizados para que se den las fuerzas magnéticas de atracción.

Sigamos describiendo el proceso de vida de nuestro universo dialéctico. Por la expansión del universo, éste se enfría y ya no tiene la energía suficiente para fusionar más protones de forma natural. Tenemos que esperar a que se formen las estrellas para que se inicie la fusión de protones otra vez. Cuando la temperatura ha descendido a unos 100,000 grados Kelvin, los protones y núcleos o ladrillos nucleares tienen la capacidad de atrapar a electrones. Si un ladrillo atrapa electrones, se convierte en un átomo de helio, así como cuando un protón atrapa un electrón se convierte en un átomo de hidrógeno, pero si un electrón atrapa un positrón del protón, entonces el protón se convierte en un neutrón. Esto ocurre cuando un electrón llega a un protón con una velocidad muy elevada, casi la velocidad de la luz para que se empareje al positrón y se convierta en un par positrón-electrón que gira alrededor del protón o que un electrón choque de frente sobre el positrón y se convierta también en un par positrón-electrón, pero de menor energía. Para mí, la segunda opción es la menos viable para que un protón se convierta en un neutrón. La estructura par positrón-electrón y protón forma un neutrón (Fig. 16).

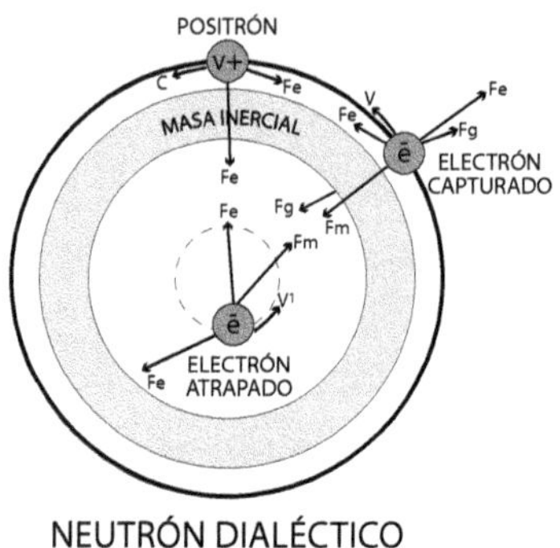

Figura 16

Dijimos que el electrón encerrado debe estar girando dentro del protón y por inercia debe seguir girando dentro de él, aun cuando el protón se ha transformado a neutrón porque el positrón sigue actuando su efecto eléctrico sobre el electrón encerrado y sobre su par electrón. En la vida real, un neutrón apartado y aislado sólo tiene un promedio de vida de tan sólo 15 minutos. Esto se debe a que el neutrón aislado está expuesto a ser chocado por cualquier positrón que le puede arrancar o destruir su par convirtiendo al neutrón otra vez en protón. El neutrón, se puede decir que no tiene carga eléctrica exterior, porque su positrón está neutralizado con el electrón que atrapó. Este par positrón-electrón queda adherido al protón sólo por la fuerza magnética entre el imán del electrón del par positrón-electrón con el imán del electrón encerrado cuando giran en el mismo sentido y por la fuerza eléctrica de atracción que ejerce el positrón del par positrón-electrón con el electrón encerrado. Ese electrón encerrado le da al neutrón negatividad eléctrica y, por lo tanto, propiedad de pegajoso. Esta propiedad le permite al neutrón adherirse a cualquier protón. Es por eso por lo que un protón y un neutrón se atraen y se juntan y ese hecho de juntarse hace que el neutrón adquiera cierta estabilidad dentro de los núcleos, porque está protegido por los positrones de los protones, ya que cualquier positrón que llegue del exterior del núcleo es rechazado por ellos.

Hay que hacer notar de que en el universo hay más neutrones que protones. La razón no la sé, pero hay átomos que tienen más del doble de neutrones que protones en sus núcleos. En cuanto al núcleo de los átomos, vemos que no son necesarias las fuerzas nucleares fuertes y débiles para explicar la expulsión de rayos alfa, beta y gamma, porque esto se explica de la siguiente manera: Al figurar una estructura en cadena protón-ladrillo nuclear-protón en los núcleos de los átomos, que al prolongarse, se pueden romper las fuerzas eléctricas y magnéticas y arrojar un ladrillo o núcleo de helio o rayo alfa o en definitiva romperse el núcleo para formar dos átomos diferentes. También figuramos que un positrón puede chocar con un neutrón y destruirle su par positrón-electrón y arrojar un electrón (rayo beta) o un positrón (rayo gamma) o ambos, para producir un protón negativo. En el Modelo Estándar, para explicar los rayos beta, tienen que inventar la existencia de los bosones W y Z, donde el bosón W tiene una masa de 80 protones y al bosón Z una masa de 91 protones y lo peor del caso es que aseguran los científicos que esos bosones surgen de un quark que, como vimos anteriormente, sólo tiene una masa de 0.002 de un protón. Esto es un total absurdo, otra violación a la conservación de la energía y al pensamiento científico y humano igual o mayor que al efecto túnel de Gamow. Esto no es nada, porque los científicos afirman que el bosón Z de masa de 91 protones es su misma antipartícula, es decir, de que es y no es, de que existe y no existe, que aparece su masa y de momento ya no hay masa. Yo pienso que lo peor es que la comunidad científica mundial calla ante estos atropellos a la ciencia y al entendimiento humano, razón por la cual Albert Einstein les decía que «Dios no juega a los dados». Y ya que hablamos de bosones, pues hablemos del bosón de Higgs de una vez. Resulta que para el Modelo Estándar, la masa representa un problema. Para que funcione su modelo, todas las partículas deben tener masa cero, el electrón, protón y neutrón que conocemos deben tener masa cero, las ondas electromagnéticas deben tener cero masas de radiación. Si se fijan en su modelo, las partículas de interacción no tienen masa, el fotón, el gluon y el gravitón tienen masa cero y todas viajan a la velocidad de la luz, excepto los bosones W y Z, que participan en la interacción débil y que ya vimos que es un disparate. Las matemáticas que se usan en el Modelo Estándar al introducir el concepto de masa, empiezan a dar resultados falsos, resultados infinitos, probabilidades mayores que la unidad, en fin, resultados que no atan ni desatan y este problema lo resuelven al cambiar el concepto de masa e introducen el concepto de un campo de Higgs, un campo donde, por rozamiento con él, las partículas que no tienen masa adquieren masa o sensación de masa y no porque las partículas tengan masa de por sí por ellas mismas, por su naturaleza. Es un campo que produce fricción, pero no detiene a las partículas, un campo que llena a todo el universo, pero interacciona y no interacciona con él. Un campo que para dar la masa a todas las partículas del universo necesitan entrar en contacto con el bosón de Higgs, una partícula superpesada, una partícula que pesa 125 veces el protón, una partícula fantasma. De dónde obtiene tanta masa dicho bosón, sólo los científicos que lo propusieron lo saben, por qué la naturaleza no. Además, ellos mismos entran en contradicción, porque figuran que el electrón, el protón y el neutrón no tienen masa y que adquieren esa masa por la fricción que desarrollan con el campo de Higgs, pero los fotones, gluones y gravitones son la excepción cuando por su modelo y sus matemáticas deben de adquirir masa también. Hay, para estos científicos, en el universo partículas de primera con poderes sobre naturales y otras de segunda categoría y desamparadas de la realidad.

Ahora vamos a explicar cómo funciona el átomo de hidrógeno en el universo dialéctico y cómo en el Modelo Estándar. En el Modelo Estándar el protón tiene carga positiva y el electrón carga negativa y por lo tanto deben de atraerse y en consecuencia aniquilarse mutuamente o formar por lo menos una pelota protón-electrón y por supuesto que esto no sucede en la naturaleza, pero en el Modelo Estándar esto tendría que suceder por la forma en que conciben al protón. Con el Modelo Estándar no pueden existir los átomos como los conocemos, porque con la fuerza atractiva del protón-electrón, el átomo se colapsaría y no nada más el átomo, sino todo el universo. En este caso o modelo, el protón se debe de engullir al electrón, pero el Modelo Estándar dice que eso no ocurre por decreto de la mecánica cuántica. La mecánica cuántica dice que hay estados naturales para cada partícula y que en ningún momento el protón puede tener la capacidad de atrapar un electrón, sólo lo puede atraer, pero no atrapar, cuando todo el conocimiento adquirido por los humanos dice que el electrón en el movimiento de circular al protón debe radiar energía y caer en el protón en un tiempo muy corto. Otra violación más al método científico. Está bien que la energía esté cuantizada en espacios reducidos o que la luz se comporte como paquetes de energía y otra decirle a la naturaleza o partícula que le corresponde esta posición o este otro lugar. En el universo dialéctico no sucede esto porque los electrones no caen al núcleo porque se repelen entre sí. La masa inercial del núcleo o protón rechaza o repele a la masa de radiación del electrón y además el electrón también recibe un ligero toque de rechazo por parte del electrón encerrado dentro del núcleo, aunque el positrón sí lo esté atrayendo. Aquí el electrón no debe estar necesariamente acelerado e irradiando energía, puede tener un movimiento circular lento e interactuando con el campo magnético del electrón encerrado. Como se puede ver, en el universo dialéctico se permiten de forma natural las estructuras atómicas para formar los diversos átomos que se encuentran en la naturaleza. Estos átomos forman estructuras tan diferentes y complejas que nos dejan anonadados, porque son capaces de presentarse en los diferentes estados de la materia y con estructuras de vida. Estructuras de vida tan sencillas como los virus o estructuras tan complejas para formar seres vivientes en infinidad de formas y características, que viven en ambientes tan distintos como lo pregonaba Aristóteles, del fuego, tierra, aire y agua.

Volvamos al universo dialéctico y su desarrollo. En el inicio de nuestro universo, cuando el espacio era casi infinitésimo, la energía de radiación se cuantizó y formó supercuantos que, al romperse, formaron al electrón y al positrón, pilares de toda la creación universal. De donde se deduce que para espacios reducidos es tendencia que la energía se cuantiza, así es que es natural que los electrones de los átomos se presentan con ciertos niveles de energía como una característica de las ondas electromagnéticas, como lo propuso Albert Einstein para entender y explicar el efecto fotoeléctrico y de Broglie para explicar el movimiento ondulatorio y cerrado de los electrones en torno del núcleo atómico. Claro que el electrón, como producto de la energía de radiación, debe presentar características de ondas como lo propuso de Broglie y su trayectoria en torno al núcleo debe ser ondulatoria, al igual que la carga eléctrica que lo acompaña. Hasta ahora no he explicado la atracción magnética entre los protones, nomás deducimos de la definición moderna del ampere, que debe existir. En un experimento sencillo, que en casa lo podemos hacer sólo usando dos conductores de cobre y dándoles forma circular, los colocamos uno sobre el otro a la misma distancia de separación, los conectamos a una batería de automóvil o cualquier fuente de poder, de tal forma que les hacemos pasar una corriente eléctrica que circule en los dos conductores en el mismo sentido, se observa que se produce una fuerza de atracción magnética entre los dos conductores, que aumenta o disminuye de acuerdo al voltaje que se le aplique al sistema de conductores. Podemos imaginar que pasa lo mismo con el electrón encerrado en el protón, porque con su movimiento circular se comporta igual que los electrones que circulan por los conductores del experimento casero anterior. Ya dijimos que ese movimiento circular del electrón se lo induce el positrón, así que en el protón siempre existe un campo magnético como resultado de ese movimiento, un campo magnético que surge por el movimiento del electrón, como se vio en el experimento casero. Entonces este campo magnético, eléctrico y gravitacional, influye en el comportamiento de los electrones que ondulan alrededor del núcleo. En un ladrillo nuclear pasa el mismo efecto, en el proceso sólo el positrón actúa sobre los electrones encerrados y como sabemos, el electrón es una carga eléctrica y en cuanto más rápido gira, más es su amperaje y por lo tanto más intensa es la fuerza magnética de atracción entre los dos protones. Esto es así porque el amperaje es la cantidad de carga o electrones que pasan por unidad de tiempo en un punto o área de un conductor, entre más rápido circula el electrón encerrado, más corriente eléctrica se manifiesta. Por supuesto que el electrón encerrado tiene efectos relativistas que no tomaremos en cuenta por ahora.

Nuestro universo se sigue enfriando, ya tiene 10.000 grados Kelvin. La materia se presenta en forma de plasma y el universo empieza a mostrar homogeneidades debido a la expansión del espacio. Estas imperfecciones hacen que empiecen a actuar las interacciones gravitacionales y a dar forma a las futuras estructuras celestes. Cuando el universo llega a una temperatura de 100 grados Kelvin, la materia se aglomera en nubes para formar las futuras galaxias, dando pie a que surjan una infinidad de galaxias. Cuando estas nubes o nebulosas se empiezan a condensar, es cuando se forma el embrión de una futura estrella, embriones que se empiezan a formar a lo largo y ancho del universo. Según las condiciones de cada nebulosa, dan pie a que se formen estrellas de todos tamaños. Estas futuras estrellas acaparan lo único que hay en el universo, atrapan electrones, protones, neutrones y positrones. No existen aún los átomos pesados para formar planetas, sólo se forman estructuras esterales, que cuando la gravedad se hace intensa y la temperatura ha aumentado a tal grado que ambos son capaces de unir a dos protones, entonces se enciende la estrella y empieza a brillar. Se puede decir que es una estrella fría, que está en su etapa de niñez, que no es adulta aun, pero viva y encendida para empezar a formar núcleos más pesados. Ya vimos que cuando una estrella junta dos protones dialécticos arroja un positrón y forma un núcleo de helio o un ladrillo nuclear. Necesitamos saber cómo es que las estrellas nos dan energía y la forma de cómo lo hacen y es de la siguiente manera: En la actualidad sabemos que la masa del hidrógeno es igual a 1.00784 uma y la masa del helio igual a 2.00130 uma, donde uma es la abreviación de una unidad de masa atómica. Si sumamos la masa de dos hidrógenos y lo restamos a la masa del helio, nos queda una diferencia de 0.01438 uma, esto significa que en el proceso de unir dos protones se perdió una masa de 0.01438 uma y según la ecuación de Einstein $E=mc^2$, esa masa se convirtió en energía, la cual la recibimos en forma de calor, de ondas electromagnéticas y de partículas que fueron aceleradas. Las estrellas pierden peso en todo momento y nuestros protones también y podemos decir que nuestros protones actuales son más ligeros que los protones que se formaron al inicio de nuestro universo. Como dijimos antes, en la Teoría del Big Bang, por el simple hecho de que surgió de la nada, quiere decir que la energía con que se creó es la misma energía que existe hoy en día, por el simple hecho de que la energía ni se crea, ni se destruye, sólo cambia de forma. Toda la energía inicial se ha transformado en materia, en ondas electromagnéticas y en movimiento. Es tal la expansión del universo, que su temperatura actual es de casi 3 grados Kelvin, muy cerca del cero absoluto, muy cerca de la temperatura que hará que el universo se congele y que funcione de diferente manera de como lo hace ahora. Pero, aun así, con estas condiciones de temperatura, el universo se está expandiendo y todo parece indicar que las galaxias se están acelerando. Los científicos, ante esta contradicción entre la disminución de la temperatura y el aceleramiento de la materia, sólo lo pueden explicar echando mano de algo misterioso, algo a lo que llaman la energía oscura. Una energía que surge de la nada, tan extraña que no se puede detectar, que se conoce sólo por sus consecuencias o efectos que produce, como dijimos anteriormente, una energía tan basta que compone el 68% del universo. Además de la falta de energía para explicar los fenómenos que están ocurriendo en el universo, la teoría del Big Bang no sabe qué va a pasar en el futuro con el universo y sólo hablan de tres posibilidades para ello; la primera es que de alguna forma se empiece a contraer en un proceso contrario a como nació en el Big Bang y que en un momento determinado desaparezca. Esto se conoce en el ambiente científico como el Big Crunch. La segunda es que pare de acelerarse y que siga expandiéndose hasta la eternidad y que llegue el universo a una temperatura del cero absoluto y muera congelado. La tercera sería que siga surgiendo energía oscura de la nada y que mantenga a las galaxias aceleradas de tal forma que va a llegar el momento en que las galaxias van a estar tan separadas que no podrán verse unas a otras y un ser viviente, inteligente, de un planeta, de una estrella, de una galaxia, va a creer que su galaxia es su universo y no exista nada más. En el universo dialéctico no se dan estos tipos de problemas, porque sabemos que el universo es una onda que se comporta como onda, que va a llegar a una máxima amplitud y luego se reducirá hasta que desaparezca y vuelva a renacer; que es finito, que empezó a propagarse a la velocidad de la luz y que está recibiendo energía de radiación del universo antimateria hasta que llegue a su máxima amplitud nuestro universo, para luego empezar también a entregar energía al universo antimateria. Puede ser que nuestro universo esté recibiendo una inmensa cantidad de energía del universo antimateria, que esté acelerando a nuestras galaxias, pero va a llegar el momento en que esto va a parar y nuestro universo va a empezar a contraerse y a reducirse. Hasta ahora hemos aplicado sólo dos de las tres leyes de la dialéctica. La primera para deducir que si la materia está compuesta por electrones, protones y neutrones, los cuales tienen comportamiento ondular, al igual como lo hacen las ondas electromagnéticas, pues, eso significa que todo el universo tiene que ser y comportarse también como una onda. Si la materia y la luz que componen todo el universo se comportan como ondas, entonces, el universo es una onda. Que nuestro universo debe tener un contrario y ese contrario sólo puede ser un universo antimateria que se comporta igual a como lo hace nuestro universo en forma de onda, que su materia se comporta como onda al igual como lo hacen sus ondas electromagnéticas y en el cual también se cumplen las leyes físicas, al igual a como se cumplen en nuestro universo. Por otro lado, si las únicas fuerzas del universo son sólo tres, la eléctrica, la magnética y la gravitacional y las cuales tienen fuerzas de atracción y repulsión cada una, pues es viable que los universos contrarios también tengan algún tipo de fuerza de atracción o de repulsión, como una fuerza especial entre la masa positiva de nuestro universo con la masa negativa del universo antimateria. Esto lo vamos a ver al final, cuando hablemos de la tercera ley de la dialéctica.

La segunda ley de la dialéctica dice que debe darse la transición de la cantidad a la cualidad y la aplicamos cuando en el universo sólo había energía de radiación en forma acumulada y de acuerdo con las condiciones reinantes de presión y expansión y por un cambio brusco de la temperatura que recalentó el universo, hizo que apareciera otra cualidad en el universo, se realizó una transición de energía a masa en forma de electrón y de positrón, sólo por el simple hecho de que aumentó la temperatura en un momento dado.

Ahora nos toca hablar de la tercera ley de la dialéctica, vamos a hablar de la negación de la negación. Esto significa que en el universo tiene que suceder un proceso que lo haga negarse a sí mismo, negarlo como esencia de universo, para que a la vez que se niega a sí mismo, le dé continuidad. Para que se entienda esto, vamos a hablar sobre las estrellas y de sus principales funciones. Para nosotros, como seres vivientes, decir estrella o sol significa vida y hogar porque sin las estrellas no hay planetas para vivir. Ya vimos que una estrella es un horno que cocina protones para transformarlos en núcleos, que, por la presión gravitacional y las altas temperaturas en ella, a dos protones los convierte en un núcleo de helio, liberando un positrón y una pequeña cantidad de masa la convierte en energía radiante y de radiación. También suele suceder que la estrella, al fusionar dos protones antes que libere alguno de los dos positrones, uno de ellos sea atrapado por un electrón convirtiendo a un protón en un neutrón y tener como resultado un átomo de Deuterio. El Deuterio es un núcleo atómico formado por un protón y un neutrón. Ahora, la estrella, por estas reacciones nucleares, tiene a su disposición una cantidad enorme de protones, neutrones y de átomos de Deuterio para fusionar y formar átomos más pesados. Así, al fusionar un átomo de Deuterio con un protón, forma un núcleo de Helio-3 y libera un positrón que pertenecía al protón fusionado. Al fusionar la estrella dos núcleos de Helio-3, produce un núcleo de Helio-4 y libera dos protones. Estas reacciones nucleares para producir helio, se dan por lo general en todas las estrellas, lo cual les permite utilizar al helio para fusionar átomos más pesados. Este proceso tiene un límite, porque la estrella, por sus condiciones de atracción gravitatoria y temperatura, sólo puede producir, cuando mucho, núcleo de silicio y hierro y no en todas ellas, esto sólo sucede en las estrellas gigantes rojas. Los astrónomos han observado que cuando una estrella explota es cuando se dan las condiciones para producir núcleos más pesados que el silicio y el hierro debido a las presiones y temperatura elevadísimas que se dan en el proceso de la explosión, llegando a producir núcleos tan pesados como el oro. Cuando una estrella explota lanza todo ese material nuevo al espacio, que es atrapado por otras estrellas en funcionamiento o por estrellas en formación, las cuales, al terminar su ciclo de vida, vuelven a explotar y desperdigar todo el material que atrapó y realizó en su existencia. Por lo tanto, para que una estrella tenga planetas, es porque ya han muerto varias generaciones de estrellas. Los científicos hablan de que estamos viviendo, como mínimo, la tercera o cuarta generación de estrellas. En cuanto al tamaño de las estrellas, pues encontramos en el espacio sideral estrellas de todos los calibres, desde estrellas pequeñas, hasta estrellas supergigantes y cada una de ellas muere de diferente manera. Toda esta producción natural de núcleos o átomos por las estrellas pareciera que tiene un fin, porque al producir tantos elementos atómicos, desde el hidrógeno hasta el californio, da la posibilidad de crear una infinidad de estructuras atómicas, incluidas las estructuras atómicas de metales, cristales, gases y hasta las estructuras atómicas de la vida. Con este panorama descrito anteriormente, pareciera que todo está bien en el universo, porque las estrellas transforman los protones para crear todas las estructuras atómicas existentes necesarias para formar planetas y producir vida en ellos y en el universo. Pero no, no todas las estrellas tienen un final feliz al término de su vida, porque algunas estrellas mueren en la oscuridad, mueren como agujeros negros. Pareciera que los agujeros negros son la negación a la misma existencia del universo, son la negación también a la vida, a toda estructura atómica y hasta de las ondas electromagnéticas. Los agujeros negros se engullen de todo, desde la materia hasta las ondas electromagnéticas y de lo que se engullen, aparentemente, ni rastro queda. La idea de agujero negro fue propuesta por John Michael y Laplace separadamente en el siglo XVIII, suponiendo un cuerpo tan denso que ni la luz podrá escapar de él. En 1915, cuando Einstein desarrolló la teoría de la relatividad general, demostró que la luz era influida por la interacción gravitacional y unos meses después, Karl Schwarzschild encontró una solución a las ecuaciones de Einstein donde demostraba que un cuerpo pesado debía absorber la luz. Einstein, que predijo la existencia de los agujeros negros en sus ecuaciones, nunca creyó que existieran. En 1967 Stephen Hawking y Roger Penrose probaron que los agujeros negros son solución a las ecuaciones de Einstein. En 1969 John Wheeler bautizó con el término de agujero negro a lo que antes se conocía como estrella en colapso gravitatorio y desde entonces así se les conoce. Después de esta breve historia del concepto de agujero negro, lo único que nos queda claro es que verdaderamente existen en nuestro universo y por supuesto que en el universo antimateria también.

En el experimento de LIGO en 2016, se detectaron por primera vez ondas gravitacionales producidas por un sistema binario de agujeros negros en colisión y el 10 de abril de 2019, el telescopio del horizonte de sucesos, dio a conocer al mundo la primera fotografía de un agujero negro supermasivo. Los científicos afirman que en cada galaxia existe, cuando menos, un agujero negro supermasivo y que cada día está creciendo más y más. Pero también existen millones de agujeros negros en cada galaxia, producto de estrellas no tan masivas que colapsaron gravitacionalmente y formaron un agujero negro. Stephen Hawking dedicó años de su vida a estudiar y comprender los agujeros negros y obtuvo una ecuación que relaciona a la masa y la temperatura del agujero negro de la siguiente manera: $MT = 1$ donde M es la masa del agujero negro y T es su temperatura. La ecuación nos dice que al aumentar la masa el agujero negro su temperatura disminuye. Más masa atrapada indica que el agujero negro se enfría más y entre más se enfría, más indetectable es. Hemos dicho varias veces que la naturaleza es sabia y alguna función le debe reservar al agujero negro. En un párrafo anterior hablamos de que los agujeros negros son la negación del universo, porque se lo está devorando en todo su confín, en todas sus galaxias y en ese camino puede estar la clave para descifrar su función real en el mismo, porque si un agujero negro se niega a ser la negación del universo, entonces esa es su función real, ser la negación de la negación. Si los agujeros negros cumplen la tercera ley de la dialéctica, deben ser el medio por el cual los universos materia y antimateria se intercambian energía para que subexistan, los agujeros negros son las semillas que le dan vida nueva al nuevo universo. Cuando hablamos sobre el universo del Big Bang mencionamos que los supercúmulos de galaxias se concentraban en dos puntos en el universo, uno en cada extremo de éste, aunque, por las dimensiones del universo, uno de ellos es indetectable por su lejanía respecto a nosotros en la Tierra y por la limitación que nos impone la velocidad de la luz que sólo viaja a 300 000 Km por segundo. También dijimos que esa región del universo debe estar girando en sentido contrario a como vemos que gira nuestro universo observable. Se puede decir que es consecuencia de la velocidad de propagación de los universos, porque cuando uno crece a la velocidad de la luz, el otro se reduce también a la velocidad de la luz, por las fuerzas de Coriolis a consecuencia del crecimiento y descrecimiento de los universos, por las fuerzas gravitacionales y de la forma como los universos se transfieren la energía de radiación. Esta acumulación de supercúmulos de galaxias en los extremos del universo también se da en el universo antimateria y da pie a la formación de agujeros negros archimasivos que curvan el espacio-tiempo. Este fenómeno de agujeros negros archimasivos apenas se están formando en nuestro universo. Nuestro universo es joven, pero ya estamos observando grandes concentraciones de galaxias como en el supercúmulo llamado Laniakea, a donde se están dirigiendo las galaxias, incluida la vía láctea. Dentro del supercúmulo Laniakea hay un lugar que se conoce como el Gran Atractor, que tiene la apariencia de un gran remolino a donde viajan millones y millones de galaxias y por supuesto también están viajando millones y millones y millones de agujeros negros. Para mí, ver esta región llamada el Gran Atractor será en el futuro un archimasivo agujero negro. Pero existe otro supercúmulo de galaxias llamado el supercúmulo de Shapley, mucho más lejano que el supercúmulo Laniakea, que se podría decir que es el doble en galaxias acumuladas que el supercúmulo Laniakea. Supercúmulos como Laniakea y Shapley hay muchos en nuestro universo, son supercúmulos que apenas se están descubriendo y estudiando, pero en el futuro van a ir apareciendo más. Estos dos supercúmulos que mencionamos contradicen la teoría de la expansión del universo, porque se ha medido la luz que proviene de las galaxias que se encuentran atrás de estos supercúmulos y presentan patrones de corrimiento al azul, señal que esas galaxias se están acercando a nosotros y se están concentrando en un punto medio dentro de los supercúmulos. Entonces pues, los archimasivos agujeros negros de antimateria curvan el espacio-tiempo del universo antimateria, principalmente en el segundo de tiempo, antes de que el universo antimateria se detenga. Esto sucede cuando el universo antimateria llega a su máxima amplitud de onda y pasa de un estado de expansión a un estado de contracción. Este proceso de que se detenga el universo antimateria debe de ocurrir en tan sólo un segundo de tiempo porque es el tiempo que tarda la luz en cambiar de la velocidad c a la cual se estaba expandiendo el universo antimateria a una velocidad cero y el universo de materia anterior al nuestro de contraerse desde la velocidad c a la velocidad cero. Esto debe de ocurrir así para que ambos universos estén en armonía y no se interfieran entre sí. En el instante en que el universo antimateria se detiene, el universo materia anterior al nuestro, desaparece. En ese segundo de tiempo en que se está desacelerando el universo antimateria, se dan las condiciones para que los archicúmulos de galaxias acumuladas o archiagujeros negros de antimateria en una región del espacio del universo antimateria, curve el espacio-tiempo y se retuerza para formar un puente Einstein-Rosen antimateria (figura 17) de tal forma que el gusano negro o archiagujero negro del universo antimateria forme un remolino que termina en el borde de nuestro futuro universo en un punto infinitesimal en forma de gusano blanco. Hay que aclarar al lector que un gusano negro se comporta como un agujero negro archimasivo, que absorbe materia y ondas electromagnéticas y un gusano blanco arroja sólo energía en forma de radiación, esto es, en forma de ondas electromagnéticas. En el momento en que el universo antimateria se detiene y empieza a contraerse, nace nuestro universo y empieza el gusano blanco antimateria a enviar energía al universo de una manera exponencial en un espacio puntual y empieza a transcurrir el tiempo desde cero.

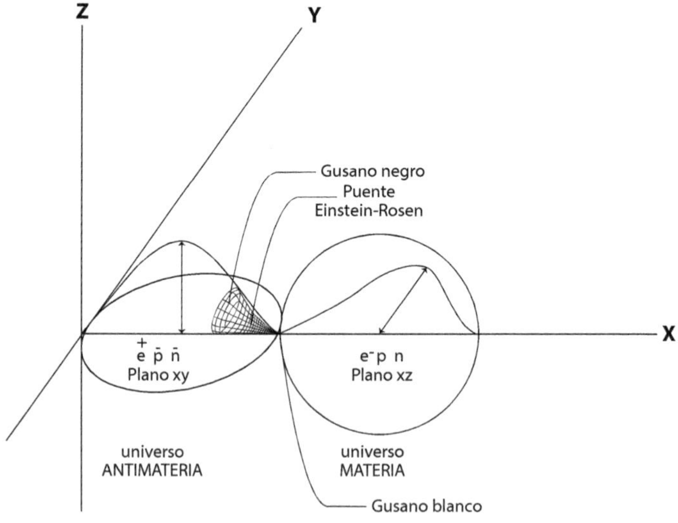

Figura 17

Debemos hacer notar que antes de que se detuviera el universo antimateria, había un puente Einstein-Rosen materia en el universo materia en agonía que transmitía su energía al universo antimateria y que se apagó cuando nuestro universo nació. Dijimos en un párrafo anterior que debe de existir una interacción entre la masa positiva del universo materia con la masa negativa del universo antimateria. En el instante en que el anterior universo materia se desvaneció, la masa positiva del mismo desapareció, es la señal para que se encienda el nuevo puente Einstein-Rosen antimateria y el gusano blanco inyecte energía a nuestro universo y empiece a crecer. Esta inyección de energía es también una inyección de masa de radiación que hace la función de masa positiva, la cual empieza a interactuar con la masa negativa del universo antimateria y mantiene encendido el puente Einstein-Rosen antimateria hasta que nuestro universo vuelva a desaparecer. Ya vimos que en ese segundo de tiempo en que nace nuestro universo y se expande a la velocidad de la luz es primordial, porque en ese tiempo se crea toda la materia existente en nuestro universo. El universo antimateria seguirá contrayéndose y con esa contracción a la velocidad de la luz alimentará de antimateria al gusano negro para que el gusano blanco alimente de energía de radiación a nuestro universo y para que éste se expanda a lo largo y ancho de su espacio. De lo anterior se desprende que el tiempo para los universos es finito, aunque para los dos universos es continuo y por supuesto que eterno. Los dos universos siempre se van a estar propagando a la velocidad de la luz, aun y cuando los dos universos se detienen por un instante para morir y nacer. El tiempo empieza a fluir cuando nace un universo y se termina cuando muere ese universo. En el caso de que los universos no se propaguen a una velocidad dada, esto es, que su velocidad de propagación sea cero, entonces, tenemos un universo oscilatorio, un universo antimateria y materia que nace, crece y muere siempre en el mismo lugar, con un puente Einstein-Rosen en vaivén. La aplicación de las leyes de la dialéctica para construir un modelo que permita entender cómo se formó nuestro universo, nos pinta un panorama armonioso en todo momento con los fenómenos que ocurren en la naturaleza.

Aún queda la gran interrogante de cómo surgieron los universos de antimateria y de materia y esto es cuento de nunca acabar, pero seguramente en el futuro alguna respuesta al respecto se encontrará para explicar el porqué de esto. Un universo dialéctico tiene implicaciones filosóficas, porque demuestra que primero es la materia y después es el ser. En las religiones aseguran que primero existió el ser con la capacidad de formar toda la materia que hay en el universo, pero sin explicación o razón de cómo surgió ese ser. Casi todas ellas aseguran también que todo se creó en un instante, por obra y arte de su voluntad, que nada cambia, que todo es una continuidad, que todo está ya escrito de forma inmutable cuando en el universo dialéctico se parte de lo simple, como la energía de radiación para formar el electrón y el positrón, que evolucionan y se transforman por condiciones de temperatura, espacio y tiempo hasta que culminan en los agujeros negros. En el universo dialéctico no hay espacio ni tiempo para infiernos o paraísos. En este universo dialéctico no hay artificios o montajes para explicar los fenómenos que vivimos cotidianamente en el hogar, en el taller o en los laboratorios científicos. Una implicación del universo dialéctico es que no se puede viajar al pasado, el tiempo mantiene siempre una dirección y un sentido que nos impide también el viajar al futuro. Lo único se puede hacer, con respecto al tiempo, es hacerlo más lento o rápido desde un marco de referencia en donde nos encontremos y que lo podamos medir. Pero lo que ganemos en hacer más lento o rápido el tiempo, se vuelve a igualar cuando volvamos a las condicionales iniciales de cuando se inició el evento. Como vemos, el tiempo es relativo sólo cuando podamos medir dos eventos a la vez. Según la teoría de la relatividad especial, si aumentamos nuestra velocidad a una velocidad cercana a la de luz, nuestro tiempo cambia, pero no nos podemos dar cuenta de ello porque simplemente no podemos sentir sus efectos en nuestro marco de referencia. Lo que sí cambia en todo momento es el espacio, el cual puede estar aumentando o disminuyendo de acuerdo con la etapa en que se encuentra nuestro universo, porque puede estar en la etapa de expansión o en la etapa de contracción y también se puede llegar a un momento o estado en que no exista el espacio, como cuando uno de los universos muere o se consume. Mientras el universo exista, el espacio puede mostrar efectos de relatividad como lo propuso Einstein, pero con la consecuencia de que se afecta al tiempo. La consecuencia más dramática que le ocurre al espacio es cuando forma un puente Einstein-Rosen, porque en este evento el espacio se curva y se retuerce en sí mismo que casi lo hace que se toque él mismo. Es difícil imaginar esto, pero las ecuaciones de Albert Einstein lo predicen y hasta el mismo Albert Einstein dudó de ello. Dijimos en unos de los párrafos anteriores que la fuerza de la gravedad es la más poderosa de todas las fuerzas existentes y aquí se demuestra su poderío al poder formar un puente Einstein-Rosen. Hasta la fecha, los científicos le calculan a nuestro universo una edad de 13 700 millones de años. Comparándolo con la vida promedio del hombre, se puede decir que nuestro universo es un adolescente, que cuando su amplitud de onda sea máxima ha adquirido la madurez y empieza a envejecer hasta que muera. En mis años de juventud acudí a una conferencia que trataba sobre las ecuaciones de Einstein, no me acuerdo del nombre del expositor, pero me acuerdo que era Doctor en Ciencias Físicas por parte de la UNAM y al final de su exposición hizo el siguiente comentario: «De las ecuaciones de Einstein se calcula que la duración de nuestro universo será de 69.000 millones de años y según la cultura egipcia, las exhalaciones del Dios Ra tienen un periodo de 70.000 millones de años y ¿saben qué muchachos?, le voy a los egipcios.»

Gracias a mis padres Gabrino y Guadalupe por el sacrificio que hicieron de mandar a centros educativos a mis hermanas y hermanos y a mí a estudiar.

Gracias a la pandemia del covid-19 por darme tiempo para escribir estas cuantas líneas.

www.ingramcontent.com/pod-product-compliance
Ingram Content Group UK Ltd.
Pitfield, Milton Keynes, MK11 3LW, UK
UKHW020136250726
13967UKWH00002B/684